體驗消費論綱
第二版

張恩碧 著

財經錢線

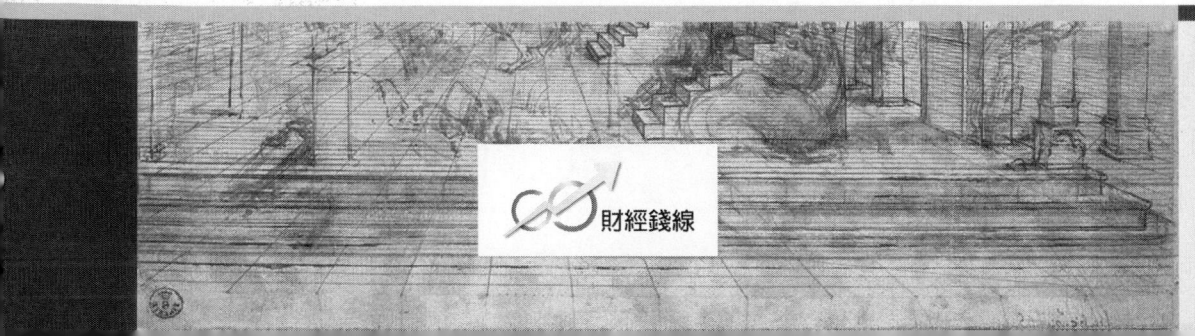

序

　　消費者在消費生活中進行各種各樣的新嘗試，獲得心理和情感上的新體驗，這反應了消費者的本性。體驗消費有利於人們豐富生活閱歷、增添生活情趣、提高生活質量，健康的、積極向上的體驗消費有利於提高人的能力和素質，促進自由而全面的發展。

　　作者在書中分析指出，消費領域中還存在一些不文明、不健康、不科學的體驗消費現象，在某些人身上甚至還出現了反文明、反健康、反科學的體驗消費行為。這值得引起高度重視。要加強對體驗消費的研究，加強法制建設，淨化體驗消費環境，

抑制和禁止不文明、不健康的體驗消費滋生蔓延，引導體驗消費產業持續、健康、快速發展，以促進人的身心健康和自由全面的發展，促進社會文明和社會全面進步。

市場經濟是消費需求導向型經濟，是消費需求拉動型經濟。要順應時代的發展要求，促進體驗消費優化升級，著力培育體驗消費熱點和新的經濟增長點。新奇獨特是體驗的靈魂。生產流通企業要堅持創新，不斷提高產品和服務的科技含量，豐富其文化內涵，顯示其自然特性、歷史特性、異域特徵、時尚特性，這樣才能不斷拓展體驗消費市場，更好地滿足人們的體驗消費需要。

目前，學者們對於體驗消費的研究還較為薄弱，相關專著更是罕見。體驗消費研究亟待加強，並應予以高度重視。張恩碧副教授以體驗消費作為其博士學位論文的研究題目，讀博期間在《消費經濟》雜誌上連續發表了3篇關於體驗消費的學術論文，現在又出版體驗消費的研究專著。這體現了他不怕困難、敢於開拓的治學精神，值得讚許。

作者立足於生活消費領域和消費者的視角，採用跨學科研究的方法，始終貫徹「體驗的新奇刺激性——體驗的陌生感、新鮮感、新奇感」這條理論線，對於體驗消費的內涵和本質屬性，體驗消費需要的特殊性和主要滿足方式，體驗消費對象的主要類型和主要特徵，體驗消費滿意度的決定和變動，體驗消費的倫理評判和主要誤區等系列問題，進行了深入的思考，提出了自己的獨立見解，具有較強的理論創新性，也是富有啓發性和建設性的。不僅如此，作者還對有關體驗的某些學術觀點大膽質疑，對有關體驗消費的若干認識進行了辨別分析。這種敢於懷疑和批判的學術態度難能可貴，是值得肯定的。

當然，書中也存在不足之處。比如，作者對於體驗消費對象主要類型的概括，對於體驗消費價值和滿意度的分析等，還

有待商榷。書中的某些論述還只是一些觀念和想法，有待實踐檢驗和深入探討。希望作者緊密結合現實生活中豐富多彩的體驗消費形態，運用社會調查統計的方法做進一步的研究。

我期待著，有更多的專家學者來關注和研究體驗消費問題，促使體驗消費研究向縱深發展，使其成為消費經濟理論研究園地中的一個新亮點。

尹世杰

前　言

　　呈現在讀者面前的這本書，是在我的博士學位論文《體驗消費論綱》的基礎上加以修訂，並補充若干經典案例而成。之所以要附加案例，一是為了佐證書中的觀點，二是為了增加可讀性和趣味性，讓讀者「體驗」更多。因為我目前在成都工作和生活，所以書中選取的典型案例大多與四川特別是成都有關。如果本書能夠產生一點廣告效應的話，也算是我對四川、對成都的感恩和回報吧。

　　我之所以選擇「體驗消費」作為研究的題目，主要是基於兩個方面的原因：一是體驗日益成為人們生產、生活中的重要發展趨勢，關於體驗經濟和體驗營銷的研究成果越來越多，而關於體驗消費的研究成果還相當的少。這昭示了體驗消費理論研究的必要性，也凸顯了體驗消費理論研究的挑戰性。二是我對於體驗經濟、體驗營銷和體驗消費研究者們關於「體驗」的若干學術觀點，持有不同的看法，並且認為自己的看法更為合情合理。

什麼是體驗？我認為，基於一個普通消費者的視角來看，體驗就是對日常熟悉的消費生活之外陌生的、新鮮的、新奇的消費對象和消費生活的嘗試和感受，體驗過程中消費者具有陌生感、新鮮感和新奇感，新奇刺激性是體驗及體驗消費的本質屬性。從某種意義上說，體驗消費可以理解為嘗試型消費、嘗新型消費、感受型消費。這就是我對於體驗的基本認識，這也是我研究體驗消費的邏輯起點。緊緊圍繞這一核心觀點，基於生活消費領域和消費者的視角，我試圖從總體上對於體驗消費的內涵和特徵、體驗消費需要、體驗消費對象、體驗消費價值和滿意度、體驗消費倫理和發展五個基本問題進行深入的分析，對於體驗消費的若干原理性命題進行獨立的思考，初步構建一個體驗消費的理論分析框架。

我在研究體驗消費的過程中，主要面臨三大困難：第一個困難是，體驗消費理論研究必須與居民豐富多彩的體驗消費實踐相結合，但是在現實的消費生活中，體驗消費的類型非常多，範圍非常廣，這決定了體驗消費典型案例和素材選取的難度，也決定了體驗消費歸納概括和理論分析的難度。第二個困難是，目前關於體驗消費的研究文獻較少，可供直接參考借鑑的資料有限。不僅如此，學者們關於體驗研究的主流學術觀點，是將體驗視為由企業創造的客觀經濟提供物，體驗經濟是劇場表演型經濟，企業向顧客出售體驗，顧客向企業付費得到體驗。依此邏輯，體驗消費的對象是體驗，而體驗消費則是劇場表演型消費。我基本上不同意這些學術觀點，試圖在與之進行商榷辨析的基礎上，提出自己對於體驗消費的理解和看法。這對於我來說並非易事。第三個困難是，科學地揭示體驗消費的本質特徵和內在規律，要求主要採用規範研究的方法，綜合運用消費經濟學、社會學、心理學、市場營銷學乃至倫理學、哲學等不同學科的知識原理，採用跨學科研究的方法。這對於我來說也

並非易事。

　　本書主要反應了我對於體驗消費的觀察、思考、認識和理解，很多分析和闡述還只是不太成熟的觀念甚至猜想。隨著體驗消費研究的進行，一些問題逐漸得到解決變得清晰起來，但同時一些新的問題又不斷出現。結果是，我對於體驗消費研究的困惑和迷惘不僅沒有減少，似乎還越來越多了。在對學術研究心存敬畏之余，唯有「路漫漫其修遠兮，吾將上下而求索」！

　　現在，我心懷忐忑地捧獻於讀者面前的就是這樣的一本書。儘管不完美，卻是我的「第三只小板凳」，是我對於體驗消費的一個階段性的認識。由於我的學識水平有限，加之時間倉促，研究還顯得相當粗糙，還存在不少理論上的疏漏，懇請專家學者批評指正。

　　實踐是檢驗真理的唯一標準。我期待著，我對於體驗消費的認識和觀點，能夠在人們的體驗消費實踐中得到檢驗和認可。我也希望，我對於體驗消費的分析和探討，在實踐上能夠對體驗消費的健康發展產生有益的作用，在理論上能夠對體驗消費的縱深研究起到拋磚引玉的作用，吸引更多的專家學者關注和研究體驗消費問題。我真誠地希望，體驗消費研究能夠發展成為消費經濟理論研究園地中的絢麗奇葩。

張恩碧

目　錄

1. **緒論**　1
    1.1　從「體驗經濟」到「體驗消費」　2
    1.2　體驗消費研究的理論與實踐意義　8
    1.3　體驗消費研究的基本思路和方法、主要內容和創新之處　10
        1.3.1　研究視角　10
        1.3.2　研究的基本思路和方法　12
        1.3.3　研究的主要內容和創新之處　13
        1.3.4　深入研究的思考　20

2. **體驗消費內涵和特徵分析**　21
    2.1　體驗內涵的多學科視角　22
    2.2　體驗的內涵和本質屬性　28
        2.2.1　體驗的內涵　28
        2.2.2　體驗及體驗消費的本質屬性　32
        2.2.3　體驗的主觀性和客觀性　38

2.3 體驗消費及其基本特徵　40
　　2.3.1 體驗消費的內涵和三要素　40
　　2.3.2 體驗消費的基本特徵　43
2.4 體驗消費六辨　53

3. 體驗消費需要分析　61

3.1 體驗消費需要及其基本特徵　62
　　3.1.1 體驗消費需要的特殊性　62
　　3.1.2 體驗消費需要的層次性　67
　　3.1.3 體驗消費需要的基本特徵　70
3.2 體驗消費的重要意義和作用　78
　　3.2.1 有利於提高人的素質，實現自由全面發展　79
　　3.2.2 有利於豐富生活，探索未知　81
　　3.2.3 有利於發展興趣愛好，釋放情感和壓力　83
3.3 體驗消費需要產生的主要原因分析　85
　　3.3.1 城鄉居民生活顯著改善　85
　　3.3.2 科學技術發展日新月異　86
　　3.3.3 國際性交流融合日趨加強　87
　　3.3.4 閒暇時間增加　88
　　3.3.5 消費需要層次性上升　89
3.4 體驗消費需要的主要滿足方式　90
　　3.4.1 體驗消費者的主要類型　90
　　3.4.2 滿足體驗消費需要的主要方式　94

4. 體驗消費對象分析　109

4.1 體驗消費對象辨析　110

4.1.1 體驗的經濟提供物說及其主要內容 110
    4.1.2 體驗消費的對象是體驗品而不是體驗 113
  4.2 **體驗消費對象的主要類型** 116
    4.2.1 體驗式自然景觀 116
    4.2.2 體驗式人文景觀 118
    4.2.3 體驗式民俗文化 121
    4.2.4 體驗式產品 124
    4.2.5 體驗式服務 126
    4.2.6 體驗式電腦網絡 129
    4.2.7 體驗式主題項目活動 134
    4.2.8 體驗場 137
  4.3 **體驗消費對象的主要特性** 138
    4.3.1 體驗消費對象的自然性 139
    4.3.2 體驗消費對象的歷史性 142
    4.3.3 體驗消費對象的異域性 143
    4.3.4 體驗消費對象的文化性 150
    4.3.5 體驗消費對象的科技性 151
    4.3.6 體驗消費對象的新潮時尚性 152
  4.4 **體驗消費對象的生產供給原則** 155
    4.4.1 體驗消費與體驗經濟之間的辯證關係 155
    4.4.2 體驗消費對象的生產供給原則 157

5. 體驗消費價值和滿意度分析 171

  5.1 **客戶價值理論回顧比較** 172
  5.2 **體驗消費價值分析** 175
    5.2.1 體驗消費價值的內涵 175

5.2.2　體驗消費總效用分析　177

　　5.2.3　體驗消費總成本分析　184

5.3　**顧客滿意理論回顧比較**　186

5.4　**體驗消費滿意度分析**　189

　　5.4.1　體驗消費滿意度的內涵　189

　　5.4.2　體驗消費滿意度的決定分析　190

　　5.4.3　體驗消費滿意度的變動分析　192

5.5　**體驗消費價值與滿意度綜合分析**　198

6. 體驗消費倫理和發展分析　201

6.1　**體驗消費倫理道德分析**　202

6.2　**體驗消費的主要誤區**　205

　　6.2.1　奢侈炫耀型體驗消費　206

　　6.2.2　迷信愚昧型體驗消費　206

　　6.2.3　庸俗粗鄙型體驗消費　207

　　6.2.4　非法罪惡型體驗消費　208

　　6.2.5　網絡成癮型體驗消費　211

　　6.2.6　荒誕怪癖型體驗消費　213

6.3　**文明、健康、科學的體驗消費發展對策**　215

　　6.3.1　端正價值導向，用先進文化引導體驗消費健康發展　215

　　6.3.2　不斷提高高層次的富有文化內涵的體驗消費的比重　217

　　6.3.3　加強消費教育，培養具有高度文明、高度文化的消費者　218

　　6.3.4　加強法制建設，整頓市場經濟秩序，培育優良的體驗消費環境　220

　　6.3.5　加強對體驗消費的社會調控　223

    6.3.6 生產和提供健康優秀的體驗品　224
    6.3.7 節約資源、保護環境　225
  6.4 體驗消費發展趨勢展望　226

主要參考文獻 229

1
緒　論

體驗之心人皆有之。① 一般說來，尋求新奇的體驗是人的天性，尋求新奇的消費體驗是消費者的天性。「消費不僅是消耗、破壞與使用產品的過程、經濟活動循環的終點，還是產生消費體驗與自我想像的過程。提高生活質量的方法是通過人的感官，讓多層次體驗理性地被情感感知。消費事實上變成創造消費者願意浸入的多重體驗過程。」② 當前，體驗消費日益成為人們消費生活中的重要內容，對於人們的生活質量和自由全面發展產生著越來越重要的影響作用。體驗消費將成為未來消費的重要發展趨勢之一。③

1.1 從「體驗經濟」到「體驗消費」

1970 年，美國著名的未來學家阿爾文·托夫勒在其出版的《未來的衝擊》一書中預言，人類社會的經濟發展在經歷了農業經濟、製造經濟、服務經濟之后，體驗經濟將是最新的發展浪潮。20 世紀 80 年代以來，伴隨著服務經濟的快速發展，體驗經濟在歐美等發達國家蓬勃發展起來。很多知名大企業，諸如 IT 行業的微軟、惠普（全面客戶體驗的領先者）、戴爾（體驗使命化的締造者）、英特爾（互動體驗的打造者）、索尼（娛樂體驗的先行者）、聯想（全面客戶體驗）、諾基亞（體驗力量的設計

---

① 「愛美之心人皆有之」，「惻隱之心人皆有之」，對於這兩個命題，人們基本上是認可的。筆者認為，「體驗之心人皆有之」這個命題也是成立的，人們對於這個命題應該也是基本認可的。

② Firat, A. F. &Dholakian (1998),「Consuming people：from political economy to theaters of consumption」. London Sage 542.

③ 2000 年，央視諮詢中心推出的調研分析報告《實證未來——中國七城市消費導向研究》認為，「全面體驗」消費模式將成為中國未來消費的十大趨勢之一。

者)等，IT行業之外的好萊塢、迪斯尼（世界上最成功的體驗服務設施）、星巴克（售賣體驗產品的典範）、英國航空公司（體驗經濟的自覺踐行者）、美國在線時代華納公司（整體體驗的開創者）、麥當勞、肯德基等，紛紛成為了體驗經濟的積極踐行者[①]。當前，體驗經濟和體驗營銷已經成為企業界密切關注的熱點問題，一些生產經營者甚至將「體驗經濟」和「體驗營銷」作為時髦詞彙和炒作賣點，紛紛打起了「體驗」的旗號。一時之間，「體驗」滿天飛，似乎無處不「體驗」了。無怪乎有的學者大發感嘆：體驗經濟現在成了一個筐，各種內容都可以往裡裝，放不進去的倒成了少數或「一小撮」。[②]

體驗經濟和體驗營銷的快速發展，引起了學者們的高度關注。美國戰略地平線（Strategic Horizons LLP）顧問公司的共同創始人約瑟夫·派恩二世（Joseph PineII，B.）和詹姆斯·H.吉爾摩（Gilmore，J. H.）（以下簡稱派恩和吉爾摩）在1998年7月—8月的《哈佛商業評論》上發表《歡迎進入體驗經濟》一文，並於1999年出版了《The Experience Economy：Work is Theatre & Every Business a Stage》一書。時至今日，體驗經濟和體驗營銷已經成為學者們研究探討的前沿問題和熱點問題，相關研究成果不斷湧現，並出現了一批研究專著，如表1－1所示。

表1－1　關於體驗經濟和體驗營銷的部分研究專著

著作名稱	作者、譯者	出版時間	出版社
《體驗經濟》	（美）約瑟夫·派恩二世和詹姆斯·H.吉爾摩著，夏業良等譯	2002年	北京：機械工業出版社

[①] 馬連福. 體驗營銷——觸摸人性的需要［M］. 北京：首都經濟貿易大學出版社，2005：25-31.

[②] 姜奇平. 更人性的經濟［N］. 互聯網周刊，2002-04-08：68.

表1-1(續)

著作名稱	作者、譯者	出版時間	出版社
《體驗經濟》	姜奇平著	2002年	北京：社會科學文獻出版社
《體驗經濟：全新的財富理念》	邊四光著	2003年	上海：上海學林出版社
《娛樂至上：體驗經濟時代的商業秀》	伯德·H.施密特、戴維·L.羅杰斯、卡倫·弗特索斯著	2003年	北京：中國人民大學出版社
《商業秀——體驗經濟時代企業經營的感情原則》	斯科特·麥克凱恩著	2003年	北京：中信出版社
《顧客體驗管理——實施體驗經濟的工具》	貝恩特·施密特著	2004年	北京：機械工業出版社
《體驗經濟——現代企業運作的新探索》	權利霞	2007年	北京：經濟管理出版社
《體驗式營銷》	(美)施密特著，張愉等譯	2001年	北京：中國三峽出版社
《體驗營銷》	周岩、遠江著	2002年	北京：當代世界出版社
《體驗營銷》	周兆晴編譯	2003年	南寧：廣西民族出版社
《體驗——從平凡到卓越的產品策略》	(美)特里·A.布里頓著，王成等譯	2003年	北京：中信出版社
《體驗營銷——如何增強公司及品牌的親和力》	(美)施密特著，劉銀娜等譯	2004年	北京：清華大學出版社

表1-1(續)

著作名稱	作者、譯者	出版時間	出版社
《體驗營銷：觸摸人性的需要》	馬連福著	2005年	北京：首都經濟貿易大學出版社
《體驗營銷：讓消費者在體驗中消費，在消費中享受》	張豔芳編著	2007年	成都：西南財經大學出版社

伴隨著體驗經濟和體驗營銷研究熱潮的興起，部分學者開始關注探討體驗消費問題，「體驗消費」的範疇開始在學術論文中出現，如表1-2所示。

表1-2　關於「體驗消費」的部分學術論文標題

論文題目	作者	發表刊物和時間
《一種新的消費方式：體驗消費》	馮玉芹	《價格月刊》1999年第6期
《餐飲業中的體驗式消費》	孫曉紅	《中國工商》2002年第2期
《基於體驗消費的企業營銷策略研究》	王龍	河海大學2003年碩士學位論文
《體驗消費與顧客體驗管理》	祝合良	《北京市財貿管理幹部學院學報》2003年第2期
《商業街：用特色迎接體驗消費浪潮的到來》	洪濤	《哈爾濱商業大學學報（社會科學版）》2003年第6期
《體驗消費與「享用」體驗》	權利霞	《當代經濟科學》2004年第2期
《基於體驗消費的網絡營銷策略研究》	王緒剛	河海大學2005年碩士學位論文

表1-2(續)

論文題目	作者	發表刊物和時間
《體驗消費的定位及設計》	李付慶	《企業研究》2005年第1期
《體驗消費及其相關產業的政策引導》	廖以臣	《光明日報（理論周刊)》2005年3月8日第10版
《試論體驗消費的內涵和對象》	張恩碧	《消費經濟》2006年第6期
《體驗及體驗消費的本質屬性分析》	張恩碧	《消費經濟》2007年第6期
《主題公園建設的體驗消費模型及實施設想》	李雪松	《城市問題》2008年第7期02

　　與體驗經濟和體驗營銷研究成果眾多相比，體驗消費的研究顯得相對滯后和不足。學者們更多關注的是發展體驗經濟和體驗營銷所帶來的經濟利益，研究目的在於加快發展體驗經濟和體驗營銷，為工商企業的經營和銷售活動服務。但另一方面，學者們對於體驗消費本身的研究重視不夠，對於如何使人過好體驗消費生活關注得不夠，而后者應該是發展體驗經濟和體驗營銷的出發點、目的和基礎。從研究成果的情況來看，有關體驗經濟和體驗營銷的研究論文相當多，研究專著也不少，而有關體驗消費的研究論文卻不多，且研究專著尚屬空白。從中國近幾年相關研究文獻的檢索情況來看，其對比同樣是非常鮮明的，如表1-3所示。

表1-3 體驗經濟、體驗營銷和體驗消費研究文獻檢索對比表①

檢索詞（精確） \ 檢索數據庫	中國期刊全文數據庫	中國博士學位論文全文數據庫	中國優秀碩士學位論文全文數據庫	學術專著	檢索時間範圍
體驗經濟	593篇	2篇②	41篇	7本	1999-2010
體驗營銷	653篇	4篇③	60篇	7本	1999-2010
體驗消費	24篇	1篇④	4篇⑤	0本	1999-2010

　　決不能忽視對體驗消費的研究。體驗經濟和體驗營銷的快速發展要求體驗消費的發展與之相適應，為其提供需求動力、拓展市場空間；要求深入探討和把握體驗消費的內在本質和發展規律。不僅如此，體驗消費的發展還涉及人、資源、環境、經濟發展、倫理道德、社會文明等諸多方面，與全面建設小康社會、構建社會主義和諧社會密切相關。體驗消費的興起和快速發展更是迫切要求深入研究體驗消費理論問題。

---

① 檢索時間截至2010年5月。
② 梁強．面向體驗經濟的休閒旅遊需求開發與營銷創新［D］．天津：天津財經大學博士學位論文，2008．
謝彥君．旅遊體驗研究［D］．東北財經大學博士學位論文，2006．
③ 楊曉東．服務業顧客體驗對顧客忠誠的影響研究［D］．吉林：吉林大學博士學位論文，2008．
溫韜．顧客體驗對服務品牌權益的影響［D］．大連：大連理工大學博士學位論文，2007．
李志飛．旅遊購物中的衝動購買行為與體驗營銷研究［D］．武漢：華中科技大學博士學位論文，2009．
李小芬．對商業健身俱樂部體驗營銷的研究［D］．北京：北京體育大學博士學位論文，2006．
④ 張恩碧．體驗消費論綱［D］．成都：西南財經大學博士學位論文，2009．
⑤ 據檢索，這4篇碩士學位論文題目分別是：《基於體驗消費的電子商務網絡營銷研究》、《體驗式消費對大型商場內部交通空間設計的影響》、《基於體驗消費的網絡營銷策略研究》、《基於體驗消費的企業營銷策略研究》。可見，這4篇碩士學位論文實質上是基於體驗消費的角度研究市場營銷問題的。

1.2 體驗消費研究的理論與實踐意義

第一，加強體驗消費研究有利於拓展對體驗消費本質和內在規律的認識，具有重要的理論意義。

當前，儘管學者們越來越重視對體驗問題的探討，但是對於「體驗」本身的認識還沒有取得較為一致的意見。有關體驗消費的研究不多，並且其中的某些學術觀點還有待商榷辨析。本書試圖基於生活消費領域和消費者的視角，針對有關體驗消費的部分學術觀點進行商榷辨析，並在比較借鑑的基礎上，重新界定或分析提出體驗消費的若干基本概念。緊緊圍繞體驗消費新奇刺激性的本質屬性，從總體上對體驗消費內涵、體驗消費需要、體驗消費對象、體驗消費價值和滿意度、體驗消費倫理與發展等基本問題進行深入系統的分析，對體驗消費的基本特徵和內在規律等進行獨立思考和理論概括，初步構建了一個體驗消費的分析框架，拓展了對體驗消費本質的認識。因此，具有理論上的創新意義。同時，本研究可以起到拋磚引玉的作用，引起專家學者對體驗消費研究的注意和重視，促使體驗消費研究盡快發展成為消費經濟學的研究熱點和重要領域，進一步豐富消費經濟的理論研究成果。

第二，加強體驗消費研究有利於更好地滿足人們的體驗消費需要，有助於促進體驗經濟和體驗營銷持續、健康、快速地發展。

體驗經濟與體驗消費的關係，可以看做是生產與消費之間關係的具體化，兩者必須相互協調，才能實現良性循環、平穩快速發展。發展體驗經濟和體驗營銷的目的在於滿足人們的體

驗消費需要，體驗消費是體驗經濟和體驗營銷的最終目的和歸宿。深入研究體驗消費問題，有利於更好地引導和促進體驗消費快速發展，提高體驗消費水平、拓展體驗消費領域、優化體驗消費結構、提高體驗消費質量，促進人的身心健康和自由全面發展。同時，加強體驗消費研究，有利於引導生產流通企業不斷進行產品和服務創新，豐富體驗內涵，拓展市場需求，實現體驗經濟和體驗營銷持續、健康、快速地發展，實現經濟效益和社會效益的統一；有利於國家培育體驗消費熱點和經濟增長點，刺激體驗消費需求，開拓體驗消費市場，拉動體驗經濟增長，增加勞動力就業。因此，具有重要的實踐意義。

第三，加強體驗消費研究有利於促進文明、健康、科學的體驗消費快速發展，促進全面建設小康社會和構建社會主義和諧社會。

當前，消費領域中還存在一些不文明、不健康、不科學，甚至反文明、反健康、反科學的體驗消費現象和行為。比如奢侈炫耀型、迷信愚昧型、庸俗粗鄙型、非法罪惡型、網絡成癮型體驗消費等。顯然，這是與黨中央提出的全面建設小康社會和構建社會主義和諧社會格格不入的，也是與提高體驗消費的層次和質量、實現人的自由全面發展思想背道而馳的，值得引起高度重視。加強對體驗消費的研究，有利於端正體驗消費的價值導向，加快發展文明、健康、科學的體驗消費，抑制不文明、不健康、不科學的體驗消費的發展，禁止反文明、反健康、反科學的體驗消費的發展，促進實現人的自由全面發展；有利於淨化消費市場，發展中國特色社會主義消費文化，促進社會文明和社會全面進步，促進全面建設小康社會和構建社會主義和諧社會，具有重大意義。

1.3 體驗消費研究的基本思路和方法、主要內容和創新之處

在生活消費領域中，吃、穿、住、用、行等幾乎所有的方面都存在著體驗消費，這些具體的體驗消費內容極其豐富，形式各不相同，但又具有一些共同的特徵和規律。本書研究體驗消費，主要是從總體上對體驗消費的基本內容、主要特徵和內在規律進行探討和分析，試圖構建體驗消費的基本研究框架，為進一步深入研究體驗消費問題做好基礎性的工作。在研究過程之中，主要結合吃、穿、住、用、行等具體的體驗消費形式進行探討，選取其中的典型作為例證，分析歸納出其中帶有共同性、本質性和規律性的東西。但對於豐富多彩的體驗消費內容，因難以進行全面詳細的論述，有些內容只好從略了。

1.3.1 研究視角

每門學科的視角、方法和範式不同，所以，對於同一研究對象，各門學科仍然可以從各自的視角、方法和目標出發，對該對象的某個方面、範圍或層次有所側重。[1] 學者們研究體驗經濟問題，主要是基於生產經營領域和生產者的視角，目的在於探討生產者如何更好地「創造」體驗品，搞好「體驗生產」工作，以實現經濟效益最大化。學者們研究體驗營銷問題，主要是基於市場營銷領域和營銷者的視角，目的在於探討營銷者如何更好地「營銷」體驗品，搞好「體驗營銷」工作，以實現經

---

[1] 胡金鳳，胡寶元．關於消費的哲學考察［J］．自然辯證法研究，2003（11）：82．

濟效益最大化。學者們在研究體驗經濟和體驗營銷問題時，也會涉及對體驗消費相關問題的探討，但在他們那裡，「消費是為了生產」，「消費是為了營銷」，體驗經濟和體驗營銷是目的，而體驗消費只是手段。例如，有人提出，「對消費體驗研究的最終目的是為了讓企業管理好消費者的消費體驗，為企業的長期發展奠定基礎。對消費體驗的研究，從另一個角度來說，也是為了迎接體驗經濟時代的到來做理論的準備。」[1] 可見，對於生產者和營銷者來說，體驗消費的意義在於「購買」和「消費」體驗品，拓展體驗消費需求和體驗消費市場，實現生產者和營銷者的經濟效益最大化。

與研究體驗經濟和體驗營銷的學者們不同的是，我們研究體驗消費問題，應該基於生活消費領域和消費者的視角，目的在於探討消費者如何更好地「消費」體驗品，滿足自身的體驗消費需要，實現消費效益最大化。也就是說，體驗消費研究關注的重點是體驗品的「消費」，而將體驗品的「生產」和「營銷」作為外在的變量，作為既定的條件。我們在研究體驗消費問題時，也會涉及對體驗經濟和體驗營銷相關問題的探討，但在我們這裡，「生產是為了消費」，「營銷是為了消費」，體驗經濟和體驗營銷是手段，而體驗消費是目的。對於消費者來說，體驗經濟和體驗營銷的意義在於「創造」和「營銷」體驗品，滿足消費者的體驗消費需要，實現消費效益最大化。

我們在研究體驗消費問題時，一方面要科學地揭示體驗消費的本質特徵和內在規律，另一方面行文要通俗易懂，為普通消費者所理解和接受，並成為他們進行體驗消費實踐的有益參考。這要求，第一，體驗消費研究要堅持「消費者觀點」和「消費者路線」。「消費者觀點」的基本內容包括：密切聯繫消

---

[1] 廖以臣. 消費體驗及其管理的研究綜述 [J]. 經濟管理, 2005 (14): 44.

費者的觀點,全心全意為消費者服務的觀點,切實代表和維護消費者利益的觀點,一切向消費者負責的觀點以及虛心向消費者學習的觀點。「消費者路線」主要是指:一切為了消費者,一切依靠消費者,從消費者中來,到消費者中去。第二,體驗消費研究要堅持「消費實踐觀點」。「消費實踐觀點」要求:體驗消費理論研究立足於體驗消費實踐,從體驗消費實踐中總結出帶有規律性的東西,並在體驗消費實踐中得到檢驗、發展和提高,對於體驗消費實踐具有指導意義。不論是「消費者觀點」、「消費者路線」還是「消費實踐觀點」,根本的一條,就是堅持消費者是體驗消費實踐的踐行者和創造者,堅持體驗消費實踐是檢驗體驗消費理論真理性的根本標準。從這個意義上來說,基於生活消費領域和消費者的視角,有利於更好地研究體驗消費問題,科學地揭示其本質特徵和內在規律。

1.3.2 研究的基本思路和方法

1.3.2.1 研究的基本思路

本文研究的基本思路和技術路線,如圖 1-1 所示。

1.3.2.2 研究的主要方法

跨學科研究法。本文廣泛借鑑消費經濟學、社會學、心理學、市場營銷學、倫理學乃至邏輯學、哲學等學科的相關知識原理,對體驗消費進行跨學科研究。

案例研究法。引用典型的體驗消費案例,以佐證本文的理論觀點,增強理論分析的說服力。

文獻研究法。充分利用因特網和各類專業書籍、報刊,收集、整理相關文獻資料,瞭解最新研究動態,學習借鑑他人的理論研究成果。

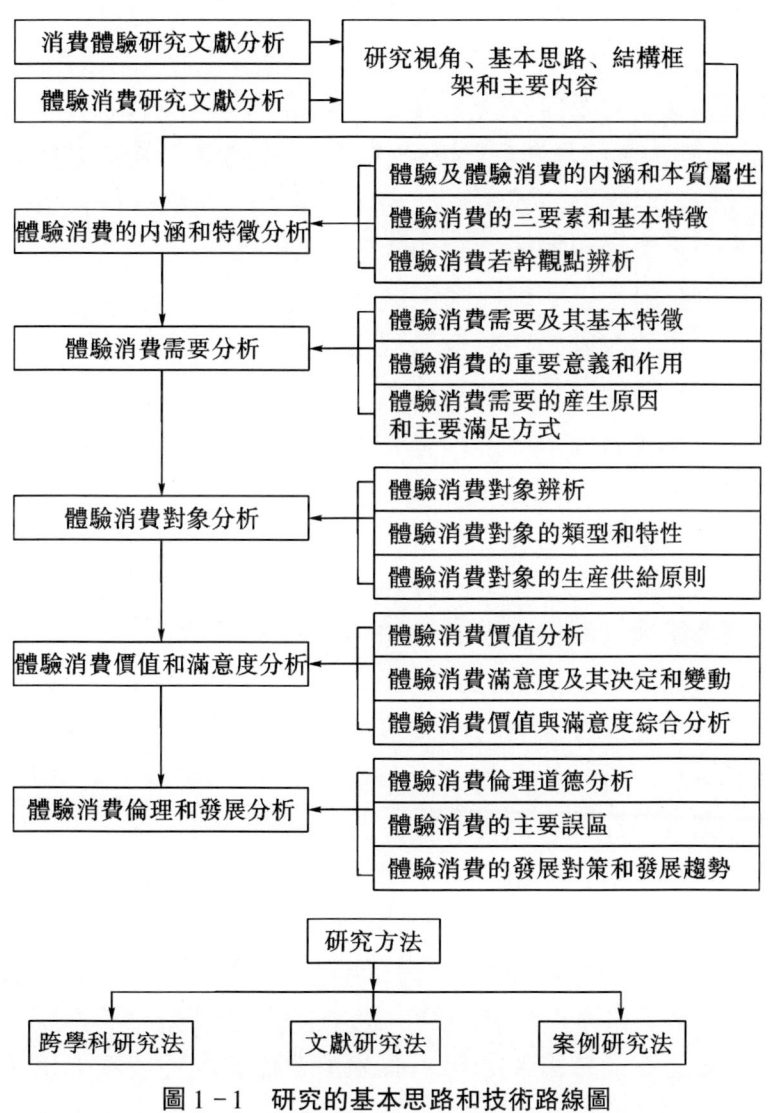

圖 1-1　研究的基本思路和技術路線圖

1.3.3　研究的主要內容和創新之處

1.3.3.1　研究的主要內容

本書主要圍繞體驗消費的五個基本問題進行深入的分析。

一是體驗消費內涵和特徵分析。關於體驗的經濟內涵主要有六種代表性觀點：經濟提供物論、心理感受論、刺激反應論、特殊經驗論、主觀內省論和要點集合論。本書體驗消費之中的「消費」特指生活消費，「體驗」特指消費體驗。應該基於生活消費領域和消費者的視角，從動詞概念和名詞概念兩個方面結合起來正確理解和把握體驗的內涵，從消費行為和消費結果兩個角度結合起來正確理解和把握體驗的主觀性和客觀性。體驗及體驗消費的本質屬性和根本特徵是新奇刺激性，這是體驗與非體驗相互區別開來的根本標誌，也是判斷某一消費方式是否屬於體驗消費的根本標準；體驗的新奇刺激性可以從消費者和消費對象兩個角度結合起來進行分析和理解。所謂體驗消費，或者稱之為體驗式消費，是指在一定的社會經濟條件之下，在特定的消費環境之中，消費者為了獲得某種新奇刺激、深刻難忘的消費體驗，而親身去體驗和感受某些具有陌生感、新鮮感和新奇感的消費對象的特殊消費方式。體驗消費主體、體驗消費客體和體驗消費環境構成體驗消費的三要素。體驗消費具有親歷體驗性、游戲娛樂性、冒險挑戰性、參與互動性、個體創造性五個基本特徵。論文還對有關體驗消費的六種代表性觀點進行了辨別分析，提出了自己的不同看法。這些觀點包括：體驗消費是現代型消費、高科技型消費；體驗消費是高層次消費、高檔消費；體驗消費是精神文化消費、體驗消費是新型的服務消費；體驗消費是試用型消費；體驗消費是劇場表演型消費。

二是體驗消費需要分析。體驗消費需要主要表現為消費者對於新奇刺激的消費體驗的不足之感和求足之願，它與體驗消費需求是兩個既相互區別又相互聯繫的概念，也不同於休閒消費需要、名牌消費需要、炫耀消費需要、奢侈消費需要。體驗消費需要具有特殊性和層次性。其基本特徵主要包括：新奇心理的滿足、逆反心理的滿足、追求精神和情感上的滿足、追求

個性化的滿足、多樣性和差異性、短暫性和週期性。對於消費者來說，體驗消費具有重要的意義和作用：有利於提高人的素質，實現自由全面發展；有利於豐富生活，探索未知；有利於發展興趣愛好，釋放情感和壓力。消費者體驗消費需要的產生和發展，既有供給方面的原因，也有需求方面的原因，既有經濟方面的原因，也有社會、科技、文化、心理等諸多方面的原因。具體包括：經濟保持平穩快速發展，城鄉居民生活顯著改善；科學技術日新月異，交通通訊、互聯網絡迅速發展；閒暇時間增加；國際性交流融合日趨加強；消費需要層次上升。青少年、現代都市女性、中等收入及其以上群體消費者，通常具有比較強烈的體驗消費需要。滿足體驗消費需要的主要方式，一個是全新消費對象體驗；另一個是全新消費環境體驗，包括時間轉換法、空間轉換法、角色扮演法、走出家門法等。

　　三是體驗消費對象分析。本書針對美國學者約瑟夫・派恩二世和詹姆斯・H. 吉爾摩等人關於體驗的經濟提供物說進行辨別分析，鮮明地提出，體驗不是一種客觀經濟提供物，更不是由企業創造和提供的；體驗消費的對象不是抽象的體驗，而是具體的客觀存在的體驗品，即能夠帶給消費者以新奇體驗的體驗式消費對象。體驗消費對象主要包括體驗式自然景觀、體驗式人文景觀、體驗式民俗文化、體驗式產品、體驗式服務、體驗式電腦網絡、體驗式主題項目活動、體驗場八大類型。「異常」的、新奇獨特、別具一格的體驗式消費對象具有自然性、歷史性、異域性、文化性、科技性、新潮時尚性六大特性，這是消費者之所以具有陌生感、新鮮感和新奇感，能夠獲得新奇體驗的根本原因之一。生產與消費之間的關係是一般，體驗經濟與體驗消費之間的關係是個別，后者關係是前者關係的具體化。體驗經濟與體驗消費之間是相互影響、相互作用和相互制約的辯證統一關係。創造和提供新奇獨特、別具一格的體驗消

費對象應該遵循以下原則：立足創新、推陳出新，突出特色和個性，強調專業化和市場細分，展示新異的生活方式，發揮廣告品牌效應，強調和突出六個特性，採取巡展、租賃等新經營模式。

　　四是體驗消費價值和滿意度分析。市場營銷學者們關於客戶價值的理論觀點，對研究體驗消費價值具有重要的參考借鑑意義。體驗消費價值是消費者對體驗消費總效用與體驗消費總成本進行綜合權衡后形成的一種總體心理評價，體驗消費價值的大小由兩者的差距大小決定，呈同方向變化。按其來源性質，體驗消費總效用主要包括自然景觀體驗效用、人文景觀體驗效用、民俗文化體驗效用、產品體驗效用、服務體驗效用、電腦網絡體驗效用、主題項目活動體驗效用、體驗場體驗效用八個方面的效用。體驗效用既與體驗消費對象本身所具有的新奇特徵相聯繫，具有明顯的客觀性特徵，同時又與體驗消費者的心理感受和評價相聯繫，具有明顯的主觀性特徵。體驗效用是決定體驗消費總效用大小的關鍵因素，同時也是決定體驗消費價值大小的關鍵因素。

　　體驗效用的大小與消費體驗的新奇刺激程度密切相關，兩者是同方向變動的關係。而在其他條件不變的情況下，消費體驗的新奇刺激程度與消費者的陌生程度之間呈同方向變化的關係，與消費對象的獨特程度之間也是呈同方向變化的關係。消費者的陌生程度一是與其自身的消費經歷和消費經驗反方向變化，二是與其消費頻率反方向變化。邊際效用遞減規律在體驗消費中表現為邊際體驗效用急遽遞減規律。體驗消費對象的新奇獨特程度與其自然性、歷史性、異域性、文化性、科技性和新潮時尚性六個特性呈同方向變化的關係。以消費者對消費對象的熟悉程度或陌生程度為橫軸，以消費對象本身的普通程度或獨特程度為縱軸，可以得出體驗效用四象限圖。論文還對體

驗消費效用的不確定性和風險性、體驗消費總成本自身獨有的新特點等內容進行了具體分析。

市場營銷學者的顧客滿意理論，對於研究體驗消費滿意度具有重要的參考和借鑑價值。體驗消費滿意度是消費者對事前期望的體驗消費價值與實際感知的體驗消費價值進行評價判斷后形成的一種綜合心理反應，體驗消費滿意度的大小由兩者的差距大小決定，呈同方向變化。在消費者事前期望的體驗消費價值不變的情況下，體驗消費滿意度與消費者實際感知的體驗消費價值之間呈同方向變化；在消費者實際感知的體驗消費價值不變的情況下，體驗消費滿意度與消費者事前期望的體驗消費價值之間呈反方向變化。如果消費者實際感知的體驗消費價值與事前期望的體驗消費價值同時發生變動，則體驗消費滿意度也會發生相應變動。論文還分析提出了體驗消費價值與滿意度綜合分析函數表達式，得出了幾點結論：一是體驗消費滿意度與實際感知的體驗消費總效用和事前期望的體驗消費總成本呈同方向變動的關係，與實際感知的體驗消費總成本和事前期望的體驗消費總效用呈反方向變動的關係。二是導致體驗消費滿意度提高或減低的情況非常複雜。三是體驗消費滿意度與消費者忠誠度呈同方向變動的關係，與消費者抱怨度呈反方向變動的關係。四是生產經營者抓好宣傳環節。加強宣傳的針對性，幫助消費者形成正確適當的事前期望體驗消費價值，也非常重要。

五是體驗消費倫理和發展分析。衡量體驗消費是否文明、健康、科學的標準主要包括：有利於消費者本人的身心健康和全面發展；有利於其他消費者的身心健康和全面發展；有利於社會文明和社會進步；有利於人類、自然、經濟、社會的可持續發展。文明、健康、科學的體驗消費應該符合科學健康、正當合法、經濟適度、協調統一、可持續發展五項原則。所謂體

驗消費的誤區，是指體驗消費中不文明、不健康、不科學的，甚至是反文明、反健康、反科學的體驗消費類型，包括奢侈炫耀型、迷信愚昧型、庸俗粗鄙型、非法罪惡型、網絡成癮型、荒誕怪癖型等體驗消費。論文分析提出了促進體驗消費文明、健康、科學發展的對策建議：端正價值導向，用先進文化引導體驗消費健康發展；不斷提高高層次的富有文化內涵的體驗消費的比重；加強消費教育，培養具有高度文明、高度文化的消費者；加強法制建設，整頓市場經濟秩序，培育優良的體驗消費環境；加強對體驗消費的社會調控；生產和提供健康優秀的體驗品；節約資源、保護環境。體驗消費的未來發展趨勢是：體驗消費比重趨於上升；體驗消費結構更加優化；體驗消費更加豐富多彩；體驗消費更趨文明、健康、科學。

1.3.3.2 主要創新之處

（1）基於生活消費領域和消費者的視角，初步構建了一個體驗消費的理論分析框架。學者們研究體驗經濟問題，主要是基於生產經營領域和生產者的視角；學者們研究體驗營銷問題，主要是基於市場營銷領域和營銷者的視角。本文基於生活消費領域和消費者的視角，運用消費經濟學、社會學、心理學、市場營銷學、倫理學乃至邏輯學、哲學等跨學科研究方法，緊緊圍繞體驗及體驗消費的新奇刺激性的本質屬性，對體驗消費內涵、體驗消費需要、體驗消費對象、體驗消費價值和滿意度、體驗消費倫理與發展等體驗消費的基本問題進行了較為深入的分析，對體驗消費的若干原理性命題進行了獨立思考，初步構建了一個體驗消費的理論分析框架，研究視角和研究內容均具有一定的理論創新意義。

（2）在比較借鑑的基礎上，對於體驗消費的一些基本概念和範疇重新進行了思考。其一，在對多學科視角的體驗內涵進行回顧比較的基礎上，從動詞概念和名詞概念兩個方面結合起

來闡述了體驗的內涵及其主觀性和客觀性。其二，基於生活消費領域和消費者的視角，對於體驗消費的內涵重新進行了分析界定，提出體驗及體驗消費的本質屬性是新奇刺激性，並且基於消費者和消費對象兩個角度進行了深入分析。其三，在分析借鑑客戶價值理論和顧客滿意理論的基礎上，概括提出了體驗消費價值的內涵和函數表達式，體驗消費滿意度的內涵和函數表達式，體驗消費價值與滿意度綜合分析函數表達式。

（3）對於部分學術觀點進行商榷辨析，提出了自己的認識和看法。其一，對派恩和吉爾摩等人的體驗經濟提供物說進行辨別分析，提出體驗不是一種客觀經濟提供物，更不是由企業創造和提供的；體驗消費的對象不是抽象的體驗，而是客觀的具體的體驗品；新奇獨特、別具一格的體驗消費對象主要包括八個類型、具有六個特性。其二，針對有關體驗消費的六種代表性觀點進行了辨別分析，諸如體驗消費是現代型消費、高科技型消費，體驗消費是高層次消費、高檔消費，體驗消費是精神文化消費，體驗消費是新型的服務消費，體驗消費是試用型消費，體驗消費是劇場表演型消費等，並提出了自己的認識和看法。

（4）對於體驗消費的一些基本問題進行了理論分析和概括。其一，從消費者的陌生程度和消費對象的獨特程度兩個方面，對於體驗效用的主要影響因素和四個象限進行了深入的分析；又從實際感知的體驗消費價值與事前期望的體驗消費價值兩個方面，對體驗消費滿意度的決定和變動情況進行了深入具體的分析。其二，概括分析了體驗消費的基本特徵、體驗消費需要的主要滿足方式、體驗消費對象生產供給的主要原則。其三，對體驗消費進行倫理道德分析，概括分析了體驗消費的主要誤區，提出了促進體驗消費文明、健康、科學發展的對策建議，並對體驗消費的未來發展趨勢進行了展望。

1.3.4 深入研究的思考

（1）本書試圖初步構建一個體驗消費的理論分析框架，而本書中提出的若干基本觀點是否科學、是否站得住腳，還有待體驗消費實踐和相關實證研究的檢驗以及學界同仁的商榷探討。從這個意義上說，本研究只是邁出了第一步，后續研究亟待加強，分析論證還須更加深入、細緻。

（2）本書力圖從總體上分析體驗消費的基本內容、本質特徵和內在發展規律，屬於體驗消費的「原理性」探討。但限於文章的主旨和篇幅，對於吃、穿、住、用、行等方面具體的體驗消費類型的分析還停留在表面層次。顯然，對這些方面繼續進行深入的專題分析和研究是非常有必要的。

（3）后續研究可以考慮借鑑社會學和統計學的研究方法。在體驗消費心理與行為、消費體驗的構成維度、體驗效用與體驗消費滿意度等方面構建相關模型，進行實證研究，將研究結論建立在社會調查和統計分析的基礎之上。

2 體驗消費內涵和特徵分析

體驗消費是一個類概念，體驗消費的範圍是非常寬泛的，幾乎涉及生活消費領域的各個方面，具體的體驗消費形式也是多種多樣的。那麼，什麼是體驗消費，體驗消費的本質屬性是什麼，具有哪些基本特徵，這是研究體驗消費首先必須回答的問題，同時也是研究體驗消費的前提和基礎。

2.1 體驗內涵的多學科視角

最先對體驗進行界定和研究的是哲學，隨后心理學、美學、教育學、經濟學和管理學等都開始關注體驗。何謂體驗？哲學、心理學、美學、文化學等不同學科領域的學者們紛紛從各自不同的學科視角提出了種種不同的觀點，見表2-1所示。由於這些學科所談的「體驗」與我們生活消費領域中的「體驗」並不完全相同，因而我們暫時存而不論。

不僅如此，目前單是研究體驗經濟、體驗營銷和體驗消費的學者，他們關於體驗內涵的代表性觀點就有十余種。主要可以概括為以下幾大類型：

一是經濟提供物論，即將體驗視為由企業創造的和提供的活動，是一種客觀的經濟提供物。例如，美國學者派恩和吉爾摩認為，體驗是指企業以服務為舞臺，以產品為道具，以消費者為中心，創造能夠使消費者參與、值得消費者回憶的活動。[①]姜奇平認為，體驗，是「以自身為目的」的活動，就是為活動而活動。也就是說，不是以活動為手段，而是以活動本身為目的。體驗和服務的區別在於，服務雖然也是生產者與消費者的

[①] 姜奇平. 體驗經濟 [M]. 北京：社會科學文獻出版社，2002：350.

表 2-1　　　　　　　多學科視角的體驗內涵

學科	時間	學者	觀點
哲學		尼採	體驗是人的自我實現；體驗在於人類利用自身本質的不定型性，創造更健康有力的人生；體驗是非工業化的，它使人迴歸完整；體驗可以是虛擬的，間接體驗隨著現代科技的發展將在現實生活中代替神話和武俠；體驗的最高境界是高峰體驗，類似於審美中的「天人合一」；人只有在審美中，人才是人本身，體驗是人的復歸，是人的解放，是自由的重建。
		狄爾泰	體驗不同於一般認識論意義上的「經驗」、感受，而是具有本體論意義上、源於個體生命深層的對人生重大事件的領悟，是特指「生命體驗」。①
	1999 年	莊穆	體驗是人主體把握世界的一種動態的認識活動方式，是主體通過把握自身而把握外部世界的一種認識方式，主體的內省體驗是主體的內心世界與外部世界融合成一體。
心理學	1989 年	瓦西留克	體驗是指人在度過這樣或那樣（通常是艱難的）的生活事件時，恢復失去的精神平衡。一句話，應付有威脅性情境時的一種特殊的內部活動、內部工作。
	2000 年	孟昭蘭	體驗是由外界環境引起的特定狀態，對於人的情緒和其他行為能起到調節作用。

---

① 權利霞. 體驗消費與「享用」體驗 [J]. 當代經濟科學，2004，(2)：77.

表2-1(續)

學科	時間	學者	觀點
美學	1988年	王一川	體驗就是藝術中那種令人沉醉痴迷、心神震撼的東西。
	1989年	王朝聞	體驗是一種在感覺經驗的基礎上，對感覺經驗進行改造和加工，形成對客體的一種特殊的感受能力。這種特殊的感受能力與關注一樣常常伴隨著情感，帶有一定的主觀性，依賴於其他的如觀察、分析、推測、想像等心理活動。
	1989年	成復旺	體驗是一種既感性又超感性、含理性又非理性的心理活動，體驗往往是從理性到感性的迴歸，高於感性，又高於理性，是感性與理性的結合，伴有深沉、渾含而朦朧的特點。
	1993年	童慶炳	體驗就是主體帶有強烈情感色彩對於生命之價值與意義的感性把握。
文化學	2001年	趙睿	體驗型產品需要深厚的文化底蘊作為支撐，否則提供給消費者的價值將是有限的。
	2003年	竇清	體驗是通過隱藏在不同產品和服務背後的文化涵義，在主客體相互作用的過程中，滿足人們在精神上的需求。

資料來源：根據竇清《論旅遊體驗》（廣西大學2003年碩士學位論文）第6~9頁相關材料整理。

互動與結合，但服務以生產者為價值創造主體，消費者只是「被服務」。體驗則以消費者作為價值創造的主體，是真正的以消費者為中心的「產消合一」。服務遵循的規律，仍然是生產者

的經濟人理性；但體驗遵循的，是消費者的「行為」理性。① 這種學術觀點是當前的一種主流學術觀點。該觀點主張，體驗和產品、商品、服務一樣，也是一種客觀的經濟提供物，企業可以像提供產品、商品和服務那樣提供體驗。企業與消費者之間構成體驗的供求關係，企業因提供體驗而收費，消費者因得到體驗而付費。筆者認為，體驗並不是一種客觀的經濟提供物，更不是由企業創造和提供的，體驗的經濟提供物說值得商榷。②

二是心理感受論，即將體驗視為人的一種美妙而深刻的主觀心理感受、感覺或感知。例如，美國學者約瑟夫・派恩和詹姆斯・H. 吉爾摩認為，體驗事實上是當一個人達到情緒、體力、智力甚至是精神的某一特定水平時，他意識中所產生的美好感覺。體驗是使每個人以個性化的方式參與其中的事件。③ 謝彥君認為，體驗是深層的、高強度的或難以言說的瞬間性生命直覺，是融匯到過程當中並且與外物達到契合的內心世界的直接感受和頓悟。④ 有人認為，體驗是個人的心理感受，是人在社會生活中超越於一般經驗、認識之上的那種獨特的、高強度的、活生生的、難以言說的瞬間性的深層感動。⑤ 有人認為，體驗是在企業提供的消費情境中，顧客作為整個消費事件和消費進程中必不可少的一員，由於參與設計、協助推動和浸入感受整個消費過程所產生的美妙而深刻的感受。⑥ 此外，還有人提出，體

---

① 姜奇平. 體驗經濟 [M]. 北京：社會科學文獻出版社，2002：97-99.
② 參見本書4.1 體驗消費對象辨析。參見：張恩碧. 試論體驗消費的內涵和對象 [J]. 消費經濟，2006 (6)：84-85.
③ 派恩二世 (Joseph PineII, B.), 吉爾摩 (Gilmore, J. H.). 體驗經濟 [M]. 夏業良，譯. 北京：機械工業出版社，2002：17-18.
④ 謝彥君. 旅遊體驗研究——一種現象學視角的探討 [D]. 大連：東北財經大學博士學位論文，2005：40.
⑤ 丁家永. 從體驗營銷看象徵性消費行為 [J]. 商業時代・理論，2005 (36)：29.
⑥ 崔本順. 基於顧客價值的體驗營銷研究 [D]. 天津：天津財經大學碩士學位論文，2004：10.

驗是消費者在消費過程中，通過對社會自我概念的感知，直接牽引出消費者理想的社會自我概念，從而獲得改變「自我」的現實機會，主動或被動地享受實現自我概念所帶來的樂趣。① 體驗就是一種新的尚未得到廣泛認知的經濟提供物，它在個體伴隨著情感與客體及周圍環境的互動過程中，個性化地滿足現階段人們的缺失性需求和高層次需求，即滿足人們精神上的需求，使人們得到一種主觀的、綜合的、深刻的內心感受，從而使人們的生活更富有意義，使人趨於完善，使人成為人自身。②

那麼，如何才能獲得美妙而深刻的體驗呢？根據上述學者的觀點：①人們達到情緒、體力、智力甚至是精神的某一特定水平；②人們作為整個消費事件和消費進程中必不可少的一員，參與設計、協助推動和浸入感受整個消費過程，以個性化的方式參與某一事件或活動；③人們在社會生活中超越於一般經驗、認識之上，融匯到過程當中並且內心世界與外物達到契合；④人們通過對社會自我概念的感知，直接牽引出理想的社會自我概念，從而獲得改變「自我」的現實機會；⑤人們在伴隨著情感與客體及周圍環境的互動過程中，個性化地滿足現階段缺失性需求和高層次需求，即滿足精神上的需求。

三是刺激反應論，即將體驗視為個體對企業營銷刺激所作出的反應。例如，美國學者伯恩德・H. 施密特認為，體驗是個體對一些刺激（例如，售前和售後的一些營銷努力）作出的反應，通常包括感覺、感受、思維、行動、關係五種類型。體驗常常來源於直接的觀察或參與一些活動——不管這些活動是真實的、夢幻的還是虛擬的。③ 特里・A. 布里頓（Terry A. Brit-

---

① 王龍. 基於體驗消費的企業營銷策略研究 [D]. 南京：河海大學碩士學位論文，2003：12.
② 寶清. 論旅遊體驗 [D]. 南寧：廣西大學碩士學位論文，2003：13.
③ 施密特（Schmitt, B. H.），劉銀娜. 體驗營銷——如何增強公司及品牌的親和力 [M]. 北京：清華大學出版社，2004：57.

ton）和戴安娜·拉薩利（Diana LaSalle）認為，顧客體驗是一個或一系列的顧客與產品、公司、公司相關代表之間的互動，這些互動會造就一種反應；如果反應是正面的，就會使顧客認可產品和服務的價值。[①] 周兆晴認為，站在心理學的角度，體驗是對某些刺激所產生的內在反應，它大多來自直接觀看或參與某事件，無論是真實的還是虛擬的；體驗涉及人的感官、直覺、情緒、情感等感性因素以及智力、思維等理性因素。[②] 莊志民則認為，所謂體驗，就是以產品為媒介，激活消費者的內在心理空間的積極主動性，引起胸臆間的熱烈反響。[③]

　　四是特殊經驗論，即將體驗視為一種特殊形態的經驗或經歷。例如，有人認為，體驗是經驗的一種特殊形態，體驗是那種見出深義、具有特殊意義的經驗。[④] 有人認為，體驗是指消費者通過觀察和直接參與具有符號價值的消費行為，而從中所獲得的一系列個性化、難忘的經歷，這種經歷來源於消費者對自我概念、生活方式、消費文化的追求和廠商的發掘和適時的引導，並且在消費者需求滿足的同時，得到進一步的昇華。[⑤]

　　五是主觀內省論，即將體驗視為主體的一種主觀內省活動，或者將體驗視為促發生命感動和經濟效用的圖景思維活動。例如，有人認為，體驗是自主的主體，在特定的情境中，為了獲取客觀事物與自身意義關聯與價值交涉而歷經接受、批判、反思與建構這一過程的主觀內省活動。當然這種內省活動本身就包含著活動的過程和結果。[⑥] 權利霞認為，在經濟學的意義上體

---

　　① 廖以臣. 消費體驗及其管理的研究綜述［J］. 經濟管理, 2005（14）: 44.
　　② 周兆晴. 體驗營銷［M］. 南寧: 廣西民族出版社, 2003: 82.
　　③ 莊志民. 旅遊經濟文化研究［M］. 上海: 立信會計出版社, 2005: 155.
　　④ 張奎志. 體驗批評: 理論與實踐［M］. 北京: 人民出版社, 2001: 9.
　　⑤ 王緒剛. 基於體驗消費的網絡營銷策略研究［D］. 河海大學碩士學位論文, 2005: 17.
　　⑥ 伍香平. 論體驗及其價值生成［D］. 武漢: 華中師範大學碩士學位論文, 2003: 13.

驗就是促發生命感動和經濟效用的圖景思維活動。①

六是要點集合論。例如，美國學者斯科特·羅比內特認為，體驗是公司和客戶交流感官刺激、信息和情感的要點的集合。②

2.2 體驗的內涵和本質屬性

2.2.1 體驗的內涵

著名哲學家黑格爾曾經說過：哲學上一個概念的區別會影響到哲學的全部結構。可見概念對於理論體系構建的重要意義。作為對人類行為感知的歸納，體驗一詞古已有之。然而，不同學科領域的學者對於體驗內涵的理解仁者見仁、智者見智。筆者認為，應該回到「體驗」一詞的本原意義上去分析把握體驗的內涵和特徵。

英文中的 experience 具有動詞和名詞雙重含義。作為動詞的 experience 譯成中文主要是「體驗」、「經歷」、「感受」、「體會」的意思，而作為名詞的 experience 譯成中文主要是「經驗」、「經歷」、「感覺」「感受」、「體驗」、「閱歷」的意思③。在《心理學辭典》中，experience 主要是「經歷」、「經驗」的意思，有些人使用這個術語是指真實世界，是按「外在」的意思來表達的，另一些人使用它僅指個人的主觀現象，是按「在頭腦內」的東西的意思來表達的④。在《現代漢語辭典》中，體驗被解釋

---

① 權利霞. 體驗消費與「享用」體驗 [J]，當代經濟科學，2004（2）：77.
② 崔本順. 基於顧客價值的體驗營銷研究 [D]. 天津：天津財經大學碩士學位論文，2004：9.
③ 牛津高階英漢雙解辭典 [M]. 4 版. 北京：商務印書館，牛津大學出版社，1997：505.
④ 阿瑟·S. 雷伯. 心理學辭典 [M]. 上海：上海譯文出版社，1996：294.

為「通過實踐來認識周圍的事物；親身經歷」①。在《新編實用漢語辭典》中，體驗被解釋為「通過實踐認識周圍的事物，親身經歷；親身的經歷或親身的感受」。可見，漢語中的「體驗」也具有動詞和名詞雙重含義。體驗所指向的「周圍的事物」是「外在」的「真實的世界」，而體驗的結果「感受」則是「在頭腦內」的「個人的主觀現象」。

本書體驗消費之中的「消費」特指生活消費，「體驗」特指消費體驗，即人們作為消費者這一特殊社會角色時的體驗，人們在生活消費領域和生活消費過程之中的體驗。體驗與消費體驗之間是包含與被包含的屬種關係。筆者認為，基於生活消費領域和消費者視角的「體驗」同樣具有動詞和名詞兩個方面的含義，其內涵應該從動詞和名詞兩個方面結合起來進行科學的理解和把握。

首先，「體驗」是一個動詞概念，是消費行為和消費過程，指消費者以身體之，以心驗之，親身去消費、經歷和感受某些新奇刺激的消費對象。例如，OPPO 最近推出了一款型號為「Music－shot」的新產品，機身厚度僅有 8.3mm，內置了攝像頭，配備了 1.8 英吋的 TFT 顯示屏，視頻解析速度高達每秒 20 幀，還具備圖片瀏覽、收音錄音、文本閱讀、時鐘秒表等功能，你不妨體驗體驗。

其次，「體驗」是一個名詞概念，是消費結果，指消費者對某些新奇刺激的消費對象的消費經歷或消費感受，以及由於這些親身的消費經歷和感受，消費者在頭腦意識中產生和獲得的印象深刻、難以忘懷的，既感性又超感性、含理性又非理性的主觀心理感受和情感反應。例如，旅行者繪聲繪色地向我們講述著在大草原上「當一回牧民」的有趣而難忘的體驗；同大草

---

① 中國社會科學院語言研究所辭典編輯室編．現代漢語辭典［M］．5 版．北京：商務印書館，2005：1342.

原上的牧民們吃、住在一起，穿蒙古袍，睡蒙古包，吃烤羊肉，喝馬奶酒；白天放牧成群的牛羊，在遼闊的草原上騎馬、射箭，聆聽那天籟般的悠揚的牧歌；夜晚燃起熊熊的篝火，感受那馬頭琴遼闊低沉、悠揚動聽的琴曲，跳起那粗獷豪放的蒙古舞蹈……。

案例2-1：「御廷蘭花」的夢幻體驗

秉承嬌蘭的奢華傳統，御廷蘭花已經成為公認的經典之作。細膩的質地使肌膚感受到如絲綢輕輕拂過的觸感，每一次使用都成為美妙享受。「御廷蘭花」之於我，早已超出一般高級護膚品的意義。每次將乳液塗抹在臉上，淡淡的清香，總有種特殊的親昵。隱約間，仿佛多年未見的故友，安慰且頗多驚喜。熟悉的香味，縈縈繞繞地纏綿在臉頰、指尖。優雅氣息，總似這揮之不去的異象、美夢與甜蜜的幻覺。「嬌蘭」之於我，是另一個有關蘭花夢的想像空間。

我越來越體會到嬌蘭的矜貴，正如同路易威登的精髓——細膩而持久的奢華。「御廷蘭花」那幽幽縈繞、時刻精致的無形之態，始終令我感動。這次親身體驗「御廷蘭花」那柔潤觸感和性感的幽香後，發現自己再次沉浸在蘭香氤氳的美感中了。讓我無比驕傲的是，我的肌膚年輕如初，光鑒如故，宛若新生，富於彈性。永恆年輕，這便是嬌蘭奢華的意義。

（資料來源：「御廷蘭花」相關宣傳資料）

在日常生活的口語中，「體驗」與「感受」的意義很相近，經常可以通用。例如，「這裡最近新開了一家火鍋城，我們去體驗體驗」，也可以說「這裡最近新開了一家火鍋城，我們去感受感受」。但是嚴格說來，「體驗」與「感受」還是有細微的區別，「體驗」含有嘗試、嘗新、嘗鮮的意思，是新奇刺激的「感受」。

我們可以舉一個食物消費方面的例子試作說明。對於每天

吃米飯的人們來說，吃米飯只不過是日常生活的簡單重複而已，沒有什麼新鮮感可言，顯然不能說是體驗。對於牧民們來說，吃牛羊肉、喝馬奶酒也沒有什麼新鮮感可言，算不上什麼體驗。但是，對於習慣於吃米飯的人們來說，偶爾吃一吃牛羊肉、喝一喝馬奶酒會有很強烈的新鮮感，對於習慣於吃牛羊肉、喝馬奶酒的牧民們來說，偶爾吃一吃魚、蝦、蟹之類也會有很強烈的新鮮感，這就是體驗！對於四川人特別是重慶人來說，吃麻辣火鍋是司空見慣、習以為常的，因而吃麻辣火鍋本身算不上什麼體驗。但是對於四川人和重慶人來說，如果所吃火鍋風味獨特，或者是在獨特環境之中吃火鍋，例如，在具有臺灣風格的餐館中吃富有臺灣風味的火鍋，那麼，消費就會具有較強烈的陌生感、新鮮感和新奇感，這就是體驗了。

通過這個簡單的例子，我們不難得出如下幾點結論，而這些結論對於理解「體驗」具有普遍的意義。第一，熟悉的、習慣性的消費生活不是體驗；第二，日常消費生活的簡單重複也不是體驗；第三，體驗意味著對於日常消費生活之外陌生的消費對象和消費生活的嘗試和感受；第四，消費者在對特定消費對象的首次消費或最初幾次消費中往往能夠獲得新奇的體驗，體驗具有時間性、短暫性和易消失性；第五，體驗消費過程中消費者具有陌生感、新鮮感和新奇感；第六，對於同一消費對象，不同的消費者體驗各不相同，體驗因人而異，具有主觀性和個體差異性。可見，就體驗來說，消費者親身經歷或親身感受只是其必要條件之一，另外一個必要條件是消費者要有陌生感、新鮮感和新奇感，兩者不可或缺，並且后一個必要條件是最根本的。體驗的必要條件可以概括為：消費者親身經歷或親身感受能夠帶給他以陌生感、新鮮感和新奇感，具有新奇刺激性的消費對象（含消費環境）。

案例2-2：老成都公館菜：民俗婚宴新體驗

大花轎、吹嗩吶、遊街、打圍鼓、跨火盆……公館菜推出的老成都民俗婚宴，不僅受到成都人的喜愛，也吸引了不少老外的目光。據瞭解，老成都公館菜的婚禮採用傳統方式，用紅燈籠、紅綢布、大紅花打造標準的「老成都民俗婚宴」。公館菜經營者憑著對中國傳統文化，特別是飲食文化的精深研究，以獨特的經營理念、富有特色的經營方式，形成了集川粵京蘇菜系於一身的系列公館菜菜品；古樸典雅、獨具川西園林風格的進餐環境，以及獨具文化特色的服務和禮儀，使老成都民俗婚宴贏得了良好的聲譽，帶給人們以新奇的體驗。

資料摘自：《製造美味假期 成都餐飲備戰「五一」黃金周》，《成都日報》2007年4月26日第11版。

2.2.2 體驗及體驗消費的本質屬性

根據邏輯學原理，本質屬性是為某類對象全部成員所具有，且僅為該類對象成員所具有的屬性，本質屬性能夠把該類對象與其他對象有效地區別開來。[①] 筆者認為，從生活消費領域和消費者的視角來看，體驗的本質屬性是新奇刺激性，這同時也是體驗消費的本質屬性。新奇刺激性是為所有的體驗消費形式所具有、且僅為體驗消費所具有的屬性，是體驗與非體驗相互區別開來的根本標誌，也是判斷某一消費方式是否屬於體驗消費的根本標準。這意味著，凡是消費者具有陌生感、新鮮感和新奇感，感覺新奇刺激的消費方式都屬於體驗消費；反之，凡是消費者沒有陌生感、新鮮感和新奇感，感覺不到新奇刺激的消費方式都不屬於體驗消費。消費者追求新奇刺激的消費對象和消費過程，力求獲得心理或情感上新奇刺激的消費體驗，是體

---

① 中國人民大學哲學系邏輯學教研室．邏輯學［M］．北京：中國人民大學出版社，2002：10．

驗及體驗消費的本質屬性和根本特徵。

體驗及體驗消費的新奇刺激性可以從消費者和消費對象兩個角度結合起來進行理解，如圖2-1所示。

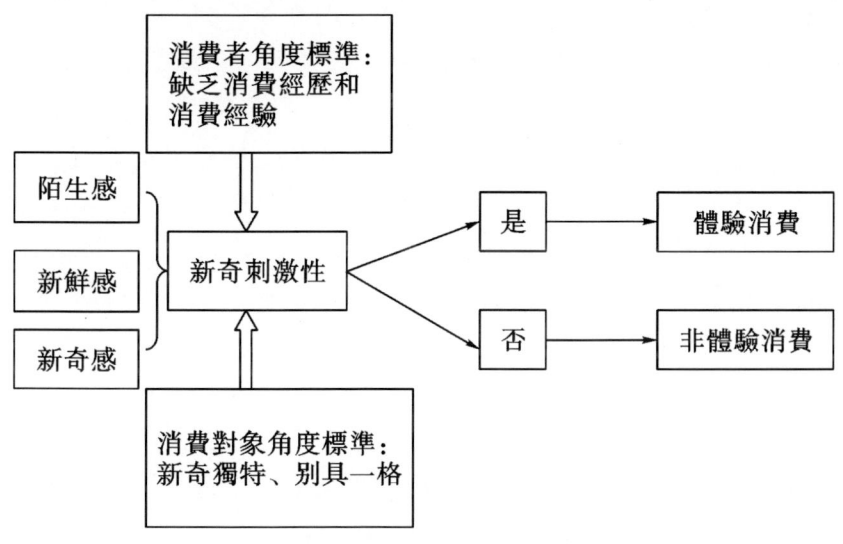

圖2-1 體驗及體驗消費的本質屬性示意圖

2.2.2.1 於消費者角度標準全方位把握新奇刺激性

體驗之所以具有新奇刺激性，一個根本原因在於，消費者此前缺乏相應的消費經歷和消費經驗，對於特定消費對象不熟悉、不瞭解。消費者因為不熟悉、不瞭解而有陌生感，因為陌生感而產生新鮮感和新奇感，正是這種陌生感、新鮮感和新奇感，使得該特定消費對象充滿著吸引力和誘惑力，促使消費者產生去嘗試、去體驗、去感受的興趣和衝動，並帶給消費者心理和情感上全新的體驗、刺激和興奮，使人印象深刻、久久不能忘懷；反之，如果消費者對於該消費對象非常熟悉和瞭解，那麼消費就不會具有新奇刺激性，那就不能說是體驗了。這種將體驗的新奇刺激性主要歸因於消費者缺乏相應的消費經歷和消費經驗，並以之作為判斷是否是體驗和體驗消費的標準，可

以稱之為消費者角度標準。

案例 2-3：恩格斯的特殊「體驗」

恩格斯曾在其散文《風景》中生動地記述過一種使他永難忘懷的特殊「體驗」：你攀上船頭桅杆的大纜，望一望被船的龍骨劃破的波浪，怎樣濺起白色的泡沫，從你頭頂高高地飛過；你再望一望那遙遠的綠色海面，那裡，波濤洶湧，永不停息，那裡，陽光從千千萬萬舞動著的小明鏡中反射到你的眼裡，那裡，海水的碧綠同天空明鏡般的蔚藍以及陽光的金黃色交融成一片奇妙的色彩；——那時候，你的一切無謂的煩惱、對俗世的敵人和他們的陰謀詭計的一切回憶都會消失，並且你會融合在自由的無限精神的自豪意識之中！①

筆者簡評：恩格斯所描述的「體驗」之所以特殊，之所以使他永難忘懷，其主要原因很可能是，船頭、桅杆、大纜、碧綠的海水、洶湧的波濤、蔚藍的天空、金黃色的陽光等，這些獨特的景致在他的日常生活中很少見，因而能夠形成強烈的反差，使他印象深刻、情緒激動，「融合在自由的無限精神的自豪意識之中」。但對於海上的船員來說，恩格斯所描述的「體驗」不過是他們天天都可見到的尋常風景罷了，有什麼可以稀奇、可以激動的呢？恩格斯永難忘懷的「體驗」對於海員來說卻不是體驗，這說明任何體驗都因人而異。

第一，基於消費者角度標準，某一消費是否具有新奇刺激性，是否屬於體驗消費，因消費者不同而不同，需要具體情況具體分析。同樣的消費對象和消費過程，對於甲來說是體驗，對於乙來說則可能不是，對於乙來說是體驗，對於甲和丙來說又很有可能不是。同樣的消費對象和消費過程，對於甲來說過

---

① 馬克思恩格斯全集：第 41 卷 [M]．北京：人民出版社，1979．

去是體驗，今天則可能不是，今天是體驗，將來則可能又不是。這表明，體驗因人不同而不同，因時間不同而不同，是有條件的、相對的。一般而言，如果消費者從未消費、或者很少消費某一消費對象，則會對其具有陌生感、新鮮感和新奇感，此時的消費具有新奇刺激性，屬於體驗消費。如果消費者經常消費某一消費對象，則會對其喪失陌生感、新鮮感和新奇感，此時的消費不再具有新奇刺激性，則體驗消費就轉化成常規消費了。

例如，我們不能簡單地說吃肯德基、麥當勞，喝星巴克咖啡是體驗，或者說不是，而應該辯證地來看。對於經常光顧肯德基、麥當勞、星巴克的老顧客來說，他們對其食物和就餐環境非常熟悉、非常瞭解，消費時感受不到新奇刺激性，因而他們的消費不能說是體驗。但是，對於初次光顧或者偶爾光顧肯德基、麥當勞、星巴克的新顧客來說，他們對其不熟悉、不瞭解，消費時具有陌生感、新鮮感和新奇感，因而他們的消費是體驗。

第二，基於消費者角度標準，很可能出現這樣的情況：在某一特定的時期，無論是多麼時尚、多麼前衛、多麼先進的消費對象，例如潛水、滑翔、跳傘等，儘管對於絕大多數沒有消費感受過的消費者來說，消費的陌生感、新鮮感和新奇感非常強烈，是體驗。但是對於那些具有較多相關消費經歷和消費經驗的消費者來說，消費的時候可能難以感受到多少新奇刺激性，甚至完全感受不到新奇刺激性，因而不能說是體驗。

第三，基於消費者角度標準，很可能出現這樣的情況：在某一特定的時期，無論是多麼陳舊、多麼過時、多麼落后的消費對象，例如自行車、收音機、電視機等，儘管對於絕大多數已經多次消費感受過的消費者來說，消費的時候缺乏陌生感、新鮮感和新奇感，不是體驗。但是對於那些還從未有過相關消費經歷和消費經驗消費者來說，消費的時候可以感受到很強的

新奇刺激性，因而是體驗。

第四，基於消費者角度標準，還很可能出現這樣的情況：任何類型的消費對象都有可能成為體驗消費的對象，任何消費者都有可能成為體驗消費者。原因在於，任何類型的消費對象都不可能被所有的消費者體驗過，因而該消費對象對於尚未體驗過的部分消費者來說，總是具有新奇刺激性，屬於體驗消費對象。同樣的道理，任何消費者都不可能體驗過所有類型的消費對象，因而該消費者對於尚未體驗過的部分消費對象來說，總是具有新奇刺激性，屬於體驗消費者。

第五，基於消費者角度標準，凡是日常生活中的常規性消費，例如，到熟悉的理髮店理髮，到熟悉的餐廳就餐，到熟悉的超市購物，以及日常性的吃、穿、住、用、行等，我們很容易習以為常、熟視無睹，消費過程中沒有新奇刺激的感覺，因而都不屬於體驗。體驗不是我們日常生活中常規的熟悉的消費實踐的簡單重複，而是我們日常生活中從來沒有過的，或者是很少有過的，或者是很久以前曾經有過的，陌生的、新鮮的、新奇的消費實踐的嘗試和感受。例如，對於長期生活在海邊的漁民來說，駕船、撒網、放釣、捕魚等根本算不了什麼體驗，但對於長期生活在草原上的牧民來說，駕船、撒網、放釣、捕魚，甚至第一次看到一望無際、氣勢磅礡的大海，都是很不一般的體驗，感覺非常新奇。例如，對於歐美人來說，吃西餐、用刀叉乃是習慣，沒有什麼新奇的，但對習慣於用筷子吃飯的中國人來說，偶爾到西餐廳嘗嘗西餐的美味，嘗試一下使用刀叉的感覺，未嘗不是一種美妙的體驗。對於歐美人來說，偶爾吃一吃中餐館，嘗試著用筷子夾飯夾菜是一種新奇的體驗，吃重慶麻辣火鍋就更是一種典型的體驗消費了，那種又麻又辣濃烈異常的味覺體驗，恐怕會令初次品嘗的歐美人終生難忘。從這個意義上說，體驗消費可以理解為是嘗新型、嘗鮮型、嘗試

型、新奇型、感受型消費。

2.2.2.2 基於消費對象角度標準，全方位把握新奇刺激性

體驗之所以具有新奇刺激性，另外一個根本原因在於，消費對象新奇獨特、別具一格，與常規的、普通的消費對象形成鮮明的對比和強烈的反差。消費對象因為新奇獨特、別具一格而使消費者具有陌生感、新鮮感和新奇感，產生去嘗試、去體驗、去感受的興趣和衝動，並帶給消費者以全新的體驗。反之，如果消費對象普通平常、司空見慣，那麼消費就不會具有新奇刺激性，就不能說是體驗了。這種將體驗的新奇刺激性主要歸因於消費對象新奇獨特、別具一格，並以之作為判斷是否是體驗和體驗消費的標準，我們稱之為消費對象角度標準。

基於消費對象角度標準，某一消費是否具有新奇刺激性，是否屬於體驗消費，因消費對象不同而不同，需要具體情況具體分析。如果消費對象只是普通的、常規的、大眾化的消費對象，消費者通過消費只能獲得一般的消費效用，則這種消費屬於常規消費。如果消費對象是具有差異性、獨特性和新奇性的消費對象，消費者通過消費能夠獲得某種新奇的體驗，則這種消費屬於體驗消費。從縱向發展來看，過去是新奇獨特的消費對象，今天則可能不是，例如彩色電視機。今天是新奇獨特的消費對象，將來則可能不是，例如納米洗衣機。從橫向比較來看，在甲地區是新奇獨特的消費對象，在乙地區則可能不是，在乙地區是新奇獨特的消費對象，在甲和丙地區則可能又不是。這表明，體驗消費因時間不同而不同，因地點不同而不同，也是有條件的、相對的。但是另一方面，在某種既定的情況下，如果某一消費屬於體驗消費，那麼，不論是根據消費者角度標準，還是根據消費對象角度標準，消費者必然對於消費對象具有陌生感、新鮮感和新奇感，必然可以獲得新奇刺激的體驗，這又是無條件的、絕對的。

根據體驗及體驗消費的新奇刺激性的本質屬性，一般而言，以下幾種情形最有可能進入消費者的體驗視野和領域：以前從未消費、體驗、感受過，但早就聽見他人說過，早就看見他人消費過，因而心儀已久，體驗、感受和嘗試的渴望和衝動由來已久；或者聞所未聞，見所未見，一旦有了見識和消費的機會，馬上產生了體驗、感受和嘗試的渴望和衝動；或者很久以前曾經消費、體驗、感受過，留下了深刻而難忘的印象，回憶和懷舊的情感縈繞心頭，揮之不去，一旦有機會，就會產生再次體驗、感受和嘗試的渴望和衝動。

2.2.3 體驗的主觀性和客觀性

根據馬克思主義哲學觀，基於生活消費領域和消費者視角的「體驗」，既具有主觀性又具有客觀性，是兩者的辯證統一。體驗的主觀性和客觀性可以從體驗消費行為和體驗消費結果兩個方面結合起來進行理解和把握。

2.2.3.1 從消費行為的角度來看，體驗本質上是消費者從事體驗消費實踐，是主觀性和客觀性的統一

第一，體驗同消費者的主觀活動密切聯繫，具有主觀性。消費者體驗的目的是為了滿足自身的體驗消費需要，實現體驗消費效用的最大化，具有鮮明的目的性。體驗過程中，消費者可以充分發揮自身的自主性、能動性和創造性，其消費動機和思想情感帶有強烈的主觀色彩，需要、偏好、習慣和觀念等也必然給體驗過程打上主觀性的烙印。第二，消費者所從事的體驗具有物質的、感性的性質和形式，是「具有客觀實在性的物質存在」，具有客觀性。

2.2.3.2 從消費結果的角度來看，體驗本質上是消費者頭腦對於體驗消費實踐的主觀映像，也是主觀性和客觀性的統一

「觀念的東西不外是移入人的頭腦並在人的頭腦中改造過的

物質的東西而已。」① 主觀的體驗意識實質上是被消費者的頭腦所反應並轉換為觀念形式的客觀的體驗實踐，它在內容上來源於客觀的體驗實踐，並在觀念的形式中反應著客觀的體驗實踐。體驗就其反應的形式來說是主觀的，就其反應的對象和內容來說則是客觀的。

體驗的主觀性表現在：第一，體驗形式的主觀性。體驗是由消費者的各種主觀反應形式共同組成的完整體系，既包括對體驗的感性認識，又包括對體驗的理性認識，並且受到消費者的主觀狀態（感情、興趣、習慣、偏好、知識結構、思想價值觀念等）的影響。第二，體驗的差異性。不同消費者的知識背景和經驗基礎不同，對於相同消費情境的感受和反應也不同，並且消費者的思想情感狀況經常隨當時當地所處的環境、心境、意念等的變化而變化，具有很大的主觀性。即使是對於相同的體驗消費對象，不同的消費者會有不同的體驗，同一個消費者在不同的時間也會有不同的體驗，這表明體驗因人而不同，因時而不同，具有主觀性。第三，體驗的創造性。體驗的主觀性不僅表現為體驗是消費者頭腦對於體驗消費對象或體驗消費實踐近似真實的反應和摹寫，甚至可能表現為同現實的體驗消費對象或體驗消費實踐似乎毫不相關的虛幻的、荒誕的觀念狀態。

體驗的主觀性並不能否認體驗的源泉和內容的客觀性。第一，儘管體驗的形式是主觀的，但消費者的感性認識和理性認識所反應的體驗消費對象是客觀存在的。第二，消費者頭腦中所形成的體驗是在不斷的體驗實踐中產生和發展起來的，是對體驗實踐的一種積極的、能動的反應過程。而體驗實踐本身是客觀的。第三，儘管消費者個體體驗之間存在著差異性，但這種差異性的原因，無非是消費者的先天素質觀念和體驗實踐的

---

① 李秀林，等. 辯證唯物主義和歷史唯物主義原理 [M]. 北京：中國人民大學出版社，2004：84.

差異所形成的。歸根到底，體驗差異性產生的根源是客觀的。第四，體驗創造性的對象也是客觀的，因為「意識的任何創造性地反應，即使是虛假的主觀映像，歸根到底是對於客觀對象的反應」。[①]

2.3 體驗消費及其基本特徵

2.3.1 體驗消費的內涵和三要素

人們對於體驗消費內涵的理解還沒有達成一致。王龍（2003）認為，體驗消費是以體驗為消費內容，消費者在滿足產品的基本使用價值后，追求自我概念實現的一種消費方式。[②] 該定義將體驗消費界定為一種消費方式，將消費者視為體驗消費的主體，認為體驗消費發生在消費者對產品的基本使用價值滿足之后，這是基本合理的。但是，該定義將體驗本身視為體驗消費的內容和對象，將追求自我概念的實現當做體驗消費的目的，具有片面性，值得商榷。

王緒剛（2005）認為，體驗消費是指企業在消費者的購買和消費過程中，以服務為舞臺，以產品為道具，環繞消費者，創造出令消費者難以忘懷、值得回憶的活動。[③] 該定義實際上是美國學者約瑟夫·派恩和詹姆斯·H.吉爾摩關於體驗定義的翻版。筆者認為，將體驗消費界定為企業創造的「活動」，將企業

---

① 李秀林，等. 辯證唯物主義和歷史唯物主義原理 [M]. 北京：中國人民大學出版社，2004：52.

② 王龍. 基於體驗消費的企業營銷策略研究 [D]. 南京：河海大學碩士學位論文，2003：16.

③ 王緒剛. 基於體驗消費的網絡營銷策略研究 [D]. 南京：河海大學碩士學位論文，2005：17.

視為體驗消費的主體，這顯然是不合適的。

權利霞（2004）認為，體驗消費是指在一定的環境氛圍中消費者對產品和服務的享用關係。① 該定義將消費者視為體驗消費的主體，這值得肯定。但是，將體驗消費界定為「消費者對產品和服務的享用關係」卻令人困惑。筆者認為，該定義尚未清楚地揭示出體驗消費的內涵和外延，難以說明一般消費與體驗消費的區別和聯繫，也難以說明體驗消費與產品消費和服務消費的區別和聯繫，值得商榷。

筆者認為，所謂體驗消費或體驗式消費，是指在一定的社會經濟條件之下，在特定的消費環境之中，消費者為了獲得某種新奇刺激、深刻難忘的生活體驗，而親身體驗和感受某些具有陌生感、新鮮感和新奇感的消費對象的特殊消費方式。從某種意義上說，體驗消費可以理解為嘗試型消費、嘗新型消費、感受型消費。該定義表明，第一，體驗消費是一種特殊的消費方式，消費與體驗消費之間是包含與被包含的屬種關係。第二，體驗消費的主體是消費者，體驗消費的對象是消費者具有陌生感、新鮮感和新奇感的消費對象，體驗消費的目的是為了獲得某種新奇刺激、深刻難忘的消費體驗。第三，體驗消費的關鍵在於體驗，體驗消費的過程是消費者親身體驗和感受的過程，體驗消費的本質屬性是新奇刺激性。第四，任何體驗消費都是在一定的社會經濟條件之下，在特定的消費環境之中的體驗消費，脫離具體的社會經濟條件和特定消費環境的體驗消費是不存在的。

根據消費經濟學的基本原理，任何消費活動都具備三個基本要素，即消費主體、消費客體和消費環境。體驗消費活動同樣具備這三個基本要素，體驗消費過程是體驗消費主體與體驗

---

① 權利霞. 體驗消費與「享用」體驗［J］. 當代經濟科學，2004（2）：77.

消費客體的結合過程,而這種結合又是在一定的體驗消費環境中進行的。體驗消費主體是指從事著體驗消費實踐活動的消費者,體驗消費客體是指消費者的體驗消費實踐活動所指向的消費對象,這些能夠帶給消費者以新奇刺激的消費體驗的體驗式消費對象,主要包括體驗式自然景觀、體驗式人文景觀、體驗式民俗文化、體驗式產品、體驗式服務、體驗式電腦網絡、體驗式主題項目活動和體驗場八個類型(詳見本文4.2體驗消費對象的主要類型)。體驗消費環境是指消費者在體驗消費過程中面臨的、對體驗消費產生一定影響的、外在的、客觀的制約因素,主要包括自然環境和社會環境兩大方面。

體驗消費三要素如圖2-2所示。

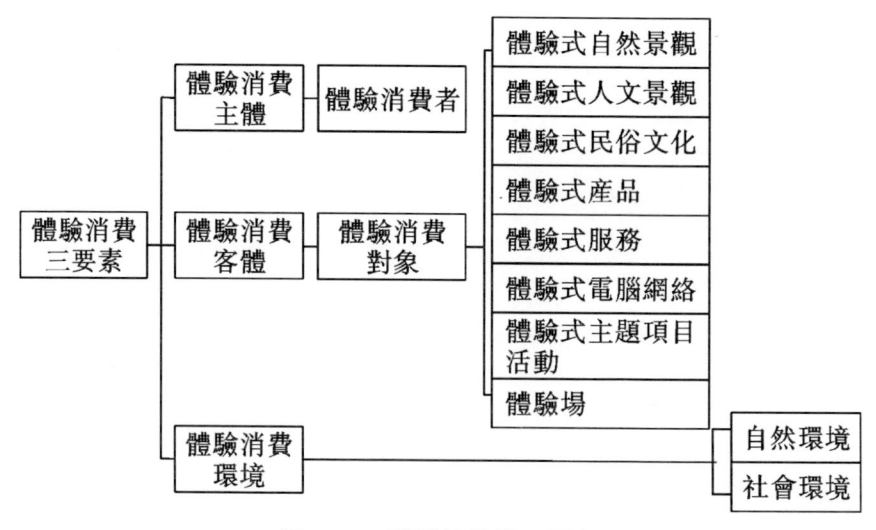

圖2-2　體驗消費的三要素

在體驗消費環境之中,自然環境對於滿足人們的生態體驗需要、提高體驗消費質量極其重要。更重要的是,在體驗消費之中,諸如湖南的張家界、四川的九寨溝等獨具特色的自然風光和自然環境,本身已經成為消費者獲取新奇體驗的重要來源,

對於滿足消費者的體驗消費需要具有極端的重要性。社會環境主要包括文化環境和制度環境兩個方面。消費的文化環境，是指消費者在消費過程中所面臨的歷史傳統、共同價值準則、道德規範、風俗習慣、宗教信仰、生活觀念、思想與精神風貌等制約因素；消費的制度環境，是指消費者在消費時面對的制度約束或便利，或者說一個國家和地區的制度對消費者的影響，這些制度包括經濟制度、政治制度、法律制度、國家的方針、政策，等等。[①] 在體驗消費之中，諸如歷史傳統、風俗習慣、民俗文化、宗教信仰、生活觀念等獨具特色的文化環境，本身也已經成為消費者獲取新奇體驗的重要來源，對於滿足消費者的體驗消費需要也具有極端的重要性。良好的社會環境特別是制度環境則有利於保障體驗消費文明、健康、快速地發展，促進社會文明和社會全面進步。

2.3.2 體驗消費的基本特徵

筆者認為，體驗消費不僅具有新奇刺激性的本質屬性，還具有若干基本特徵。一般說來，體驗消費的基本特徵是為大多數體驗消費形式所普遍具有的特徵，但又並非體驗消費的本質規定性，並非只有體驗消費才具有這些特徵。[②] 就體驗消費的本質屬性與基本特徵之間的關係來說，本質屬性是居於主導地位、起著決定作用和支配作用的一方。體驗消費的基本特徵服從和服務於其本質屬性，凸顯其新奇刺激性的本質屬性。

---

① 尹世杰. 消費經濟學 [M]. 北京：高等教育出版社，2003：44.
② 根據邏輯學的基本原理，對某類對象來說，如果某種屬性僅為其中部分成員所具有，而不為全部成員所具有，則稱為該類對象的偶有屬性。如果某種屬性為該類對象全部成員所具有，則稱為該類對象的固有屬性。如果某種固有屬性僅為該類對象所具有，則稱為該類對象的本質屬性。筆者認為，體驗消費的基本特徵不是體驗消費的固有屬性，而是為大多數體驗消費形式所普遍具有的偶有屬性。

2.3.2.1 親歷體驗性

體驗消費重在體驗，強調親歷，注重實踐，消費者重視的不僅是體驗結果，更是整個體驗過程，或者說，消費者看重的不是擁有某一體驗消費對象，而是對於某一體驗消費對象的新奇刺激的體驗過程。「不求所有，但求體驗」，① 是體驗消費的重要特徵。消費者以身體之，以心驗之，全身心融入到體驗消費過程之中，獲得一種新奇的消費體驗或新鮮的消費感受，具有親歷性。所謂親歷，可以從親身參與、經歷和親身理解、感受兩個方面進行把握。親身參與、經歷，側重於消費者對體驗消費活動的身體參與、行為；親身理解、感受，側重於消費者對自己所經歷的消費活動的深切反思，對自己所閱讀的資料的真實理解以及對他人的消費經歷的切實感悟。

從消費行為來看，體驗消費要求消費者親歷親為。情感上的觸動、心靈上的共鳴是他人無法替代完成的，消費者只有親臨其境、親身體驗和感受才能獲得；從消費個體來看，消費者要想感受他人的體驗，也必須親自接觸和領會相關體驗仲介材料才能獲得，這是另一種意義上的親身經歷、理解和玩味。例如觀看電影和錄像，閱讀散文和小說等。這種消費體驗雖然因人而異，並賦予了鮮明的個體性、獨特性和差異性，但其共同的特點是親歷親為。這裡所說的親歷親為，並不是簡單地重複別人的體驗消費活動，而是借助一定的媒介，從思想上、思維上進行情境再現和再體驗；從消費群體來看，不同群體的消費體驗是不同的，同一消費群體在不同時代背景下的消費體驗也是不同的，但其共同的特點也是親歷親為。這是放大了體驗的

---

① 一般說來，自用性消費例如對於衣服、家電、家具、汽車等消費品的消費，消費者常常必須購買並擁有該消費品才能進行消費。但是對於體驗性消費來說，消費者不以擁有消費品為目的，而以獲得新奇體驗為目的；在大多數情況下，消費者無須擁有消費品就能獲得新奇體驗，例如到風景區旅遊觀光，到迪斯尼體驗「過山車」、「摩天輪」，到影樓拍攝婚紗照，到賓館酒店住宿用餐等。

背景、情境和體驗主體與體驗對象比例的消費體驗。

2.3.2.2 游戲娛樂性

追求游戲和娛樂是人的天性，與生俱來。著名思想家於光遠先生推崇「人之初，性本玩」，「活到老，玩到老」。① 游戲娛樂性是體驗消費非常重要的特徵。讓消費者在參與中、在游戲中、在玩樂中感受新奇的體驗、放飛的心情，乃是體驗消費的題中應有之義，也是順應人的本性自然發展的必然要求。娛樂追求的就是快樂和刺激，快樂和刺激能讓人忘卻暫時的煩惱和不快，快樂和刺激可以讓人放松心情，快樂和刺激是人們繁忙工作之余的調味劑。② 在游戲和娛樂的時候，人們處於一種最原始、最放松的狀態，不受任何束縛，感覺非常自由、非常放松、非常愉快，充滿激情和創造力。游戲和娛樂還可以活躍思維、激發想像力、培養人的興趣，使人們對新生事物永遠充滿好奇心。

游戲娛樂性是消費者獲取新奇體驗的重要源泉。在他們眼中，作為游戲的消費的首要目的不在於貪婪地佔有和攫取，不在於有形物質意義上的財富累積，而是對一種前所未有的新鮮感覺的追求所帶來的激動，③ 一種激動人心、樂而忘返的深刻體驗。近年來，大型商場、科技館、博物館，特別是主題公園、遊樂場、影劇院等，被賦予了更多更新的游戲娛樂元素，成了人們體驗消費的重要場所。與此同時，電腦網絡獲得了飛速發展，諸如網絡游戲、網絡影視、網絡交流、網絡購物等日益成為人們進行虛擬的游戲娛樂體驗的嶄新平臺。

---

① 於光遠. 論普遍有閒的社會 [M]. 北京：中國經濟出版社，2005：40.

② 張豔芳. 體驗營銷：讓消費者在體驗中消費在消費中享受 [M]. 成都：西南財經大學出版社，2007：135.

③ 王成興. 略論消費文化語境中的認同危機問題 [J]. 學術論壇，2004(2)：17–21.

案例 2-4：激情釋放動感無極限，獨領風騷歡樂大贏家

歡樂谷是一個全新的現代主題樂園，是一個讓人圓夢的歡樂海洋，成功之處在於合理的項目佈局和串聯、園區景觀、項目故事、表演的功能設計的渾然天成；個性化的主題分區，獨特的環境包裝，帶給人不少的新鮮感。颶風灣，就像置身被颶風侵襲過的重災區；走進香格里拉，如同步入原始、野趣、神祕、美麗的世界；來到陽光海岸，就會感到熱帶海濱的輕鬆休閒。「零距離」的表演，是帶給遊客歡樂的至關重要的一點，例如金礦鎮上，突然會有鐵匠為遊客悄悄遮陽，還會用英語說幾句問候的話，使遊客覺得是故事中的人，而不是局外人；再如「激流勇進」項目，船從 26 米高處飛馳而下，濺起七八層樓高的水花，坐船的感到昏天黑地，全身濕個透，觀看的同樣覺得有趣，躲在玻璃后面看從天而降的飛船，然后是鋪天蓋地的水花，有驚無險。另外，在消暑降溫方面，歡樂谷也別出心裁，十幾處造水風扇，吹出的水霧帶給遊客一分清涼、一分驚喜、一分滿足。這些設計，使得遊客不知項目從何開始，到何處結束，仿佛一只無形的手在牽引大家，「為那些在充滿競爭和高速生活節奏中過度透支體力的人們創造了一個品嘗歡樂的空間，創造了一個平等的享受歡樂的天國」，帶給遊客無盡的驚喜。

資料來源：《激情釋放動感無極限，獨領風騷歡樂大贏家》，《旅遊時報》2002 年 5 月 15 日。

2.3.2.3 冒險挑戰性

近年來，包括滑雪、滑冰、滑水、滑草、滑沙、滑翔、高爾夫等運動項目，海上衝浪、帆船、帆板、劃船、跳水、跳傘、打靶、摩托艇等海上項目以及探險、狩獵、攀岩、漂流、徒步、自駕等特種旅遊項目，日益受到富有冒險挑戰精神的中青年消費者的青睞。主要原因有兩點，一是這些體驗消費項目驚險、刺激、體驗性強，充滿挑戰性，符合青年人求新、求奇、挑戰

自我、敢冒風險的心理。消費者在體驗消費過程中對自己的智慧、膽量、體能、毅力、意志等極限進行衝刺和挑戰，可以彰顯人生的價值和意義，獲得精神上的成功感、喜悅感和自豪感。二是這些體驗消費項目自由靈活、個性化強，可以滿足人們親近大自然、深層次接觸大自然、探索大自然奧妙的願望，領略到一般人無法看到的自然景觀和人文景觀，領略淳樸自然的民風民俗和原汁原味的自然風光。例如探險旅遊，包括沙漠探險、森林探險、海底探險、登山探險、岩洞探險、秘境探險等，一般都是在人跡罕至、地理氣候條件複雜的地方進行。在浩瀚無垠的沙漠中，人們可以觀賞到沙漠綠洲、沙漠草原、海市蜃樓、風蝕地貌等原始古樸的自然景觀，沙漠長城、沙漠岩畫、墓葬遺存等獨特的人文景觀，荒涼和美麗的大漠景象讓人產生無盡的遐想。在古樹參天、野趣橫生的天然森林中，人們得以擺脫塵世的繁雜和喧囂，飽覽各種動植物奇觀，傾聽山濤、溪流與百鳥的吟唱，感受返璞歸真、迴歸自然的無窮樂趣。

案例2-5：體驗環球嘉年華

為什麼嘉年華會受到那麼多人的喜歡，我們不妨看看嘉年華到底為遊客提供了些什麼遊玩項目。

彈射式蹦極。一秒鐘之內，從地面快速彈入空中，並在空中360度旋轉，無任何依託，並自由落體。讓人感受到無所依託的驚悚和失去地心引力的絕望，絕對讓你感受到不一樣的驚險和刺激。彈射式蹦極就是屢次把你拋入空中，讓你屢次感受到失重的心如死灰的快樂。

驚呼狂叫。當遊客坐上去以後，會在瞬間上升到40米高空，風在兩耳間呼嘯，在高空停留30秒，在毫無心理準備的情況下，又瞬間從天堂俯衝到地面，只有全力以赴地吼叫似乎才能證實自己意識的存在。

此外，嘉年華還包括飛盤至尊、高空瀏覽、黑色鬼船、激

流勇進、終結者等令人失聲驚叫的驚險刺激的體驗項目。

資料來源：張豔芳. 體驗營銷：讓消費者在體驗中消費在消費中享受 [M]. 成都：西南財經大學出版社，2007：141-142.

2.3.2.4　參與互動性

新鮮好奇是人的天性，參與和嘗試也是人的天性。體驗經濟下，生產經營者提供的是為消費者量身定制的體驗式產品和服務。「體驗強調的是顧客參與，沒有顧客也就沒有體驗產品，顧客成為了體驗產品的真正主體，員工只是體驗過程的配角，而且體驗現場不一定需要員工的參與。」[1] 體驗消費中，消費者已轉化為「賓客」，不再是被動的接受者，而成為積極的參與者[2]，他們渴望通過主動參與，成為體驗消費的中心和主角；他們不再滿足於僅僅作為一名旁觀者和欣賞者，而是渴望親身參與和嘗試，作為一個參與者和表演者，渴望親自去體驗、感受，玩一把過過癮。

例如，和朋友一起到球場上踢足球，打籃球，打網球，與單純作為觀眾觀看足球比賽、籃球比賽和網球比賽，其心情和感覺是完全不一樣的。自己亮嗓子唱卡拉OK與單純觀看明星演唱會，自己加入到少數民族男女青年中一起唱歌跳舞與單純作為觀眾觀看少數民族歌舞表演等，前者因親身參與和嘗試而產生的興奮和激動，往往不同於后者僅僅作為一個旁觀者和欣賞者而獲得的興奮和激動，甚至前者的興奮和激動比后者的興奮和激動要強烈得多，有意思得多，印象深刻得多。

例如，過去，人們到市場上去購買糧食、蔬菜、水果等現成的農產品；現在，人們熱衷的體驗消費方式是，到鄉村去觀

---

[1]　舒伯陽. 體驗經濟的價值基準與企業競爭策略 [J]. 商業時代理論，2005 (3)：62.

[2]　劉群望，王玉敏. 新時代的消費方式——體驗經濟 [J]. 消費經濟，2003 (3)：32.

賞田園風光、呼吸新鮮空氣，親自去看看農作物是怎麼種植的，家禽家畜是怎麼飼養的，甚至親自去搞一搞農業勞動、飼養一下家禽家畜、採摘一下瓜果蔬菜等，以便親身感受鄉土文化，體驗農村的生活方式和生活習慣。過去，人們到市場上去購買現成的牛肉、羊肉、奶製品來吃，購買現成的魚、蝦、蟹來吃；現在，人們希望到草原上去放牧一下牛羊，親自動手擠一擠牛奶，體驗一下牧民們的生活情趣。希望到海濱去捕魚捉蝦，乘船出海去撒網放釣，體驗一番當漁民的感覺。

當前，很多電視節目增添了觀眾參與互動的環節和內容。例如，湖南衛視的「超級女聲」和「快樂男聲」，中央電視臺的「幸運 52」和「挑戰主持人」等節目，極大地調動了觀眾們的興趣和熱情，其收視率因而得以節節攀升。不僅如此，當前甚至某些影視劇也打開了觀眾參與互動的「大門」。2008 年 9 月，鳳凰新媒體聯合中國最大的在線視頻平臺 PPLive 共同打造並播出了中國第一部網絡互動欄目劇《Y. E. A. H》。[①] 與以往人們被動地觀看製作完成的電視劇不同的是，《Y. E. A. H》充分考慮網絡傳播的特點，利用最先進的在線視頻互動技術優勢，讓網友們通過網上投票的方式，參與整個劇集的發展，決定劇情的走向，設置男女主人公的愛情與命運。攝製組拍攝提供 N 種劇情，網友票數勝出的選項將成為劇情正式版。也就是說，《Y. E. A. H》完全超越了中國現有的影視操作理念，實現了真正的 WEB2.0。網友能夠不斷介入劇集情境，與劇集產生持續的交互，懸念感十足，獲得操縱故事發展的特殊體驗樂趣。

2.3.2.5　個體創造性

體驗消費中，消費者渴望充分表達自己的消費意願和消費偏好，甚至樂意與廠商合作互動，充分發揮自己的主觀能動性，

[①] 徐潔兒，張沁妍. 時尚達人的「同居」生活 [OL].
http：//www.ifeng.com/fcd/200809/0917＿3040＿788549.shtml.

積極參與體驗式產品、服務、主題項目活動和體驗場等的設計、創造和再加工，甚至渴望充分利用現代網絡技術，直接參與到廠商的生產和銷售環節中去。此時的體驗消費已經不是原來意義上的純粹消費，在某種程度上已經具有了生產創造的性質，體現了消費者的個體創造性。消費者希望通過這種參與互動的創造性活動，開發出能反應其個性與喜好、反應其價值觀和生活方式，能產生共鳴的具有「生活共感型」與「生活共創型」特徵的消費對象，並以此來體現其獨特的個性魅力和審美價值，獲得更大的成就感、滿意感和難忘的消費體驗。

　　例如，北京曲美家具公司為了完成消費的終極化服務，培育品牌忠誠度，建立了與眾不同的曲美工業園——一個極具現代個性的DIY式工場。在以前的消費活動中，家具產品由廠商設計完成，其個性是由廠商賦予的，消費者只能挑選和購買現成的家具產品。而現在，通過曲美DIY式工場這種自助消費模式，消費者可以和廠商進行交流互動，廣泛參與家具的設計和製造，在家具上打上自己的個性化烙印。消費者可以購買到一對一的、擁有唯一「知識產權」的家具產品，充分展示個人的聰明才智和設計潛質，實現了高級物質形式和個性精神的結合。通過這種自助消費模式，消費者實現了從自助到自主的延伸，消費者的生活是自主的，並且是自己親手製造的，從中獲得新奇體驗的同時，也實現了自身社會價值的極大提升。

　　當前，思想活躍的青年人開始流行「個性消費DIY」。在飾品製作店裡，他們嘗試著自己動手、自行設計，先是挑選自己所需要的原料，然後用圓頭鉗等工具加工製作，最后交由店員做完結處理。於是，一個個獨一無二、自我個性鮮明的飾品、陶塑、小器具等便在自己的手中誕生了。DVD、個人專輯也不再是明星們的專利。一個錄音軟件，一只麥克，一臺電腦，加上自信的聲音，就可以打造完全屬於自己的個性專輯。如果高

興的話，還可以將自己的個性專輯傳到電腦網絡上，作為傳播交流的媒介。「個性消費DIY」使人們的自身價值和個性特徵得到了最大的體現，獲得了不一般的新奇體驗。

案例2-6：「做動手的游戲」童心沉浸DIY

　　四川科技館特地向少年朋友們舉辦「自己禮物自己做」活動———自制發報機、自制潛望鏡、自制洗髮水……讓孩子們在娛樂中體驗，在體驗中增長知識。「嘗試一下讓孩子自己做動手的游戲，不要刻意追求學習的效果，孩子在動手的過程中必然要動腦，自然就達到了預期的效果。」日前，記者在成都新華公園的陶藝體驗區，看見8歲的蘇畫小朋友將衣袖高高挽起，在陶藝師的指點下，認真做一個陶瓷小罐。

　　據悉，DIY（體驗）是當今世界頗為流行的詞彙，包括組裝電腦、電器，以及手工陶藝、十字綉等活動。這類活動在休閒和娛樂過程中，能夠培養和提高孩子的動手能力、想像力和創造力，在動手動腦中更能體會到DIY的樂趣。

　　記者評說：「做動手的游戲」，這種悄然興起的「新型體驗娛樂」，讓孩子身心得到愉悅的同時，也增長了知識。兒童通過玩耍來探索世界，這是天然的學習驅動力。父母要鼓勵孩子與同伴一起聰明、巧妙、愉快地玩，發展孩子的「玩商」，不僅能幫助孩子多學知識，還能增強他們的團隊意識。

　　資料來源：何茜：《走近城市孩子的新娛樂》，《四川日報》2007年6月1日第10版。

　　在體驗消費過程中，消費者或自己動手製作消費對象，或自己動手布置消費環境，或自己動腦筋設計消費活動。在體驗消費過程中，消費者當了一回「小學生」，學習了一些基本的工藝或手藝，掌握一些簡單的操作技巧。這種具有生產創造性的體驗消費，給消費者提供了親身參與和動手製作的機會，具有一定的趣味性、娛樂性和挑戰性，能夠極大地激發出消費者的

興趣和熱情。當消費者終於「生產」或「創造」出來了具有自我個性特徵的東西的時候,當他們擁有或消費著自己所「生產」或「創造」出來的東西的時候,能夠獲得不同一般的成就感和滿足感,感覺就是不一樣,感覺就是爽!

案例2-7:兒童生日聚會的演變

20世紀60年代和70年代,媽媽總是樂於親手烤制可口蛋糕,買原料花費不到1美元。到了20世紀80年代,許多父母打電話給超市或當地的麵包房訂制一塊蛋糕,指定蛋糕的具體式樣規格以及糖霜的種類和顏色、取蛋糕的時間、蛋糕上的圖案和文字。這種定制服務將花費10~20美元。21世紀初,許多父母把整個生日聚會交給像「迪斯尼俱樂部」這樣的公司來舉辦,花費100~250美元。伊麗莎白·派恩的7歲生日,是在一個叫紐邦德的舊式農場裡度過的。在那裡,伊麗莎白和她的14個朋友一起體驗了舊式的農家生活。他們用水洗刷牛的身體、放羊、喂雞,自己製造蘋果酒,還要背著干柴爬過小山,穿過樹林。最後,伊麗莎白的母親朱莉付給公司一張146美元的支票作為服務報酬。

資料來源:派恩二世(Joseph PineⅡ, B.),吉爾摩(Gilmore, J. H.).體驗經濟[M].夏業良,譯.北京:機械工業出版社,2002:27-28.

筆者簡評:根據體驗及體驗消費的本質屬性,兒童生日聚會的時候,不論是在家裡吃媽媽親手烤制的可口蛋糕,吃父母打電話訂制的蛋糕,還是在「迪斯尼俱樂部」這樣的公司裡吃蛋糕,只要兒童有新鮮感和新奇感,就是體驗消費。在商品經濟高度發達的今天,讓生活在城市裡的兒童在舊式農場裡過生日,讓他(她)和小朋友們一起去放放羊、喂喂雞、摘摘果子、爬爬山,感覺新鮮有趣,體驗自然難忘。反過來我們不妨設想:如果父母和小孩一起動手親自烤制可口的蛋糕、繪製精美的賀卡、準備好聽的音樂、布置浪漫的環境等,邀請小朋友來家裡

參加兒童自己「籌辦」的生日聚會。這樣的生日聚會肯定是別開生面、獨具特色的，小孩既會有新鮮感和新奇感，又會特有成就感和自豪感。這樣的體驗同樣是非常有意義的。

2.4 體驗消費六辨

辨析之一：體驗消費是現代型消費、高科技型消費，只有在社會生產力高度發達、科學技術高度發達的當今時代才存在。

筆者認為，這種理解是片面的。

應該肯定，運用現代高科技手段確實可以創造出功能更全、質量更優，更加具有差異性、獨特性和新奇性的消費對象，有利於消費者獲得新奇的體驗。從這個意義上說，社會生產力越發達、科學技術水平越高，體驗消費的可能性就越大，體驗消費的領域就越廣闊。但這並不意味著，體驗消費是且僅是高科技型消費，並不意味著在社會生產力不發達、科學技術較落后的社會歷史階段，就不存在體驗消費。所謂消費對象的新奇刺激性，是一個相對的概念。無論在哪個社會歷史發展階段，無論當時的社會生產力和科學技術發展水平如何，都有可能創造出與此前相比具有差異性、獨特性和新奇性的消費對象。即使是在生產力水平非常落后的原始社會和奴隸社會，人們在消費方面也有可能接觸和感受到相對於當時條件的若干新東西，獲得若干新奇的體驗。不僅如此，創造具有差異性、獨特性和新奇性的消費對象，並不一定需要以發達的社會生產力和高水平的科學技術為基礎，例如，具有鮮明的地方特色、濃鬱的民族風情或悠久的歷史傳統的飲食、服飾、歌舞、器物等，就是非常具有體驗價值的消費對象。這說明，無論在哪個社會歷史發

展階段，體驗消費都是客觀存在的，體驗消費與社會生產力水平和科學技術水平之間並無必然聯繫。

另一方面，根據體驗消費的消費者角度標準，不論是在社會生產力和科學技術相當發達的現代社會，還是在其發展水平較為落後的傳統社會，對於特定的消費者來說，總是存在著一部分他們從來沒有消費感受過的消費對象，因而他們在消費這部分消費對象時能夠獲得新奇的體驗，屬於體驗消費。顯然，這種情況無論在哪個社會歷史發展階段都是客觀存在的。可見，體驗消費並非只有在社會生產力和科學技術高度發達的當今時代才存在。

辨析之二：體驗消費是高層次消費、高檔消費，只有高收入者才有體驗消費。

筆者認為，這種理解是片面的。

不論是高收入者還是低收入者，他們主觀上都有獲取新奇體驗的願望和要求，並且客觀上都存在著令他們感覺陌生、新鮮、新奇的消費對象。不能認為，只有高收入者才有體驗消費，低收入者就沒有體驗消費。只能說，高收入者的貨幣支付能力強，實際需求大，他們在經濟上更有可能、更有條件體驗和感受新奇的消費對象，他們從事體驗消費的可能性要大些，體驗消費在消費結構中的比重要高些。雖然低收入者的貨幣支付能力較弱，但是，他們在其收入約束範圍之內，仍然可以、也完全可能體驗和感受到某些具有新奇刺激性的消費對象，獲得新奇的體驗。即使是非常窮困的人，他們在一生當中也有可能增添若干新的生活用品，在吃、穿、住、用、行等方面，或多或少會有若干新奇的體驗。不僅如此，由於在日常生活消費中，低收入者的消費範圍較為狹窄，消費經歷較為簡單，因而，相對於高收入者來說，低收入者感覺新奇的消費對象要多得多，感覺新奇的消費領域要廣得多，感覺新奇的體驗選擇要多得多，

因而體驗消費的潛力要大得多。

從消費者熟悉與否的角度來看。一方面，低收入者對於中高收入者所消費的消費對象不熟悉不瞭解，具有陌生感、新鮮感和新奇感。另一方面，高收入者對於低收入者所消費的消費對象也不一定熟悉和瞭解，也可能具有陌生感、新鮮感和新奇感。如果低收入者收入水平提高，實現消費升級，能夠體驗和感受中高收入者才能消費的消費對象，那麼他們此時的消費具有新奇刺激性，屬於體驗消費，並且該體驗消費相對於他們本人的實際情況來說，屬於高層次消費、高檔消費。另一方面，如果高收入者能夠體驗和感受低收入者所消費的消費對象，那麼他們此時的消費也具有新奇刺激性，屬於體驗消費，但是該體驗消費相對於他們本人的實際情況來說，顯然不屬於高層次消費、高檔消費。

低收入者如果能夠有機會體驗和感受中高收入者才能消費的消費對象，自然會感覺新鮮刺激，心情激動，體驗美妙。高收入者們如果天天錦衣玉食、香車豪宅，那麼其生活只不過是「奢華」的再重複而已。對於他們本人來說，或許這種日復一日的奢華生活已經缺乏陌生感、新鮮感和新奇感了，甚至有些平淡膩味了。如果高收入者能夠適時適當地體驗和感受一下中低收入者們所消費的消費對象，所處的消費環境，例如，到農貿市場買菜，到街邊大排檔吃飯，到山區去感受一下農民們的生活，到草原去感受一下牧民們的生活，到海邊去感受一下漁民們的生活；那麼，其體驗肯定是新奇而獨特的，其情感觸動也是非常強烈的。這種偶爾的體驗和感受，能夠給高收入者的生活增添一絲清新的活力，增添別樣的體驗和感受。更重要的是，通過這種短暫的體驗，強烈的對比，能夠使高收入者更加珍惜自己的生活，增強社會責任感和使命感，更加富有愛心和同情心。

辨析之三：體驗消費中，消費者可以獲得心理或情感上的

愉悅和滿足，獲得難以忘懷的美好體驗，因而，體驗消費是一種精神文化消費。

　　筆者認為，這種理解是片面的。

　　獲得心理或情感上的愉悅和滿足，獲得難以忘懷的美好體驗，這既是體驗消費的結果，又是新奇刺激的消費對象作用於消費者的結果。體驗消費的對象既包括具有新奇刺激性的精神文化產品，又包括具有新奇刺激性的物質產品；相應地，體驗消費既包括精神文化型體驗消費，又包括物質型體驗消費。一方面，我們應該加快發展精神文化型體驗消費，倡導和鼓勵消費者多搞些諸如觀看文體演出和比賽、閱讀文學藝術作品、欣賞影視作品、觀光旅遊等精神文化型體驗消費，努力提高高層次的精神文化型體驗消費比重，以實現自身的自由全面發展。但另一方面，我們又必須明確，將體驗消費歸結為精神文化消費是不妥的，將體驗消費等同為精神文化消費更是不合適的。事實上，體驗消費與精神文化型體驗消費之間是包含與被包含的屬種關係，精神文化消費與精神文化型體驗消費之間也是包含與被包含的屬種關係，而體驗消費與精神文化消費之間應該是交叉關係，其共同的交叉部分是精神文化型體驗消費。如果將體驗消費理解為是一種精神文化消費，那麼體驗消費的外延就大大縮小了。這種理解還容易使人誤以為，只有精神文化消費才有可能發展成為體驗消費，促進精神文化消費的發展就是發展體驗消費。

　　辨析之四：體驗消費是服務消費的延伸，體驗消費是一種新型的服務消費。

　　筆者認為，這種理解是片面的。

　　一方面，體驗消費的範圍是非常廣泛的。體驗消費對象主要包括體驗式自然景觀、體驗式人文景觀、體驗式民俗文化、體驗式產品、體驗式服務、體驗式電腦網絡、體驗式主題項目

活動和體驗場八個類型。與之相適應，體驗消費可以劃分為自然景觀型體驗消費、人文景觀型體驗消費、民俗文化型體驗消費、產品型體驗消費、服務型體驗消費、電腦網絡型體驗消費、主題項目活動型體驗消費和體驗場型體驗消費八種類型。可見，服務型體驗消費只是體驗消費中的一種類型而已，體驗消費與服務型體驗消費之間是包含與被包含的屬種關係。另一方面，由於體驗式服務是消費者具有陌生感、新鮮感和新奇感的服務，服務與體驗式服務之間是包含與被包含的屬種關係，因而，服務消費與服務型體驗消費之間也是包含與被包含的屬種關係。綜上可知，體驗消費與服務消費之間事實上是交叉關係，其共同的交叉部分是服務型體驗消費。

　　如果認為體驗消費是服務消費的延伸，體驗消費是一種新型的服務消費，那麼，服務消費與體驗消費之間就成了包含與被包含的屬種關係，體驗消費成了服務消費之中的一種類型，成了服務消費的一種概念。這種認識，實際上將體驗消費的外延縮小成了服務型體驗消費，而將其他體驗消費類型排除在體驗消費的範圍之外了。這顯然是不妥的。這種理解還容易使人誤以為，只有服務消費才有可能發展成為體驗消費，促進服務消費的發展就是發展體驗消費。

　　辨析之五：體驗消費是試用型消費。

　　筆者認為，這種理解是片面的。

　　現在，不少企業以「體驗」為時髦，以「體驗」來吸引公眾的眼球，以「體驗」來擴大市場、促進營銷。將試用型消費宣傳為體驗消費就是其中的做法之一。例如，有一個網站叫做「365 體驗網」（www.365tiyan.com），「引領生活消費」是其宣傳口號。欄目包括「活動徵集」、「免費體驗」、「AU 體驗」、「愛情守望」、「體驗論壇」、「體驗博客」等，具體產品欄目包括手機、圖書、化妝品、數碼、音像、體育用品、家電、運動

装、汽車用品、母嬰用品、醫療用品、游戲專區等。總之，「365體驗網」實質上就是產品展示網，產品試用網。消費者對於新款產品不熟悉、不瞭解，試用一下，試穿一下，試玩一下，當然有陌生感、新鮮感和新奇感。這表明，試用型消費符合體驗消費的本質屬性，因而屬於體驗消費。購買之前讓消費者先體驗、嘗試和感受一番，可以達到讓消費者全面瞭解產品進而自覺接受產品的目的。特別是對於數碼類、音響類、服飾類、化妝品類產品，消費者的主觀感受在購買中起著決定性的作用，因而體驗、試用和對比就顯得尤為重要。

需要強調指出的是，雖然可以說試用型消費是體驗消費，但是不能說體驗消費是試用型消費，不能將體驗消費與試用型消費等同起來。事實上，體驗消費與試用型消費之間並不是同一關係，而是包含與被包含的屬種關係，試用型消費只是體驗消費中的一種類型而已。

辨析之六：體驗消費是劇場表演型消費。

筆者認為，這種理解是片面的。

美國學者派恩和吉爾摩認為，無論什麼時候，一旦一個公司有意識地以服務作為舞臺，以商品作為道具來使消費者融入其中，這種剛被命名的新的產出——「體驗」就出現了[①]。在談到企業如何創造性地提供美妙的體驗時，派恩和吉爾摩提出了四條：一是使體驗主題化，二是以正面線索使印象達到和諧，三是提供紀念品，四是重視對顧客的感官刺激。就是說，公司必須明確所要表達的主題和圍繞主題開展的活動。公司應該首先列出顧客喜愛的各類活動，然后再確定主題把活動串聯起來，接著挑選最能表現主題的活動並使活動項目是可行的，最後再對每一個活動項目進行細緻的研究。當然，公司還應該就每個

---

① 派恩二世（Joseph PineⅡ，B.），吉爾摩（Gilmore，J. H.）. 體驗經濟[M]. 夏業良，譯. 北京：機械工業出版社，2002：17.

活動對五種感官（視覺、聽覺、味覺、嗅覺、觸覺）的影響進行細緻的分析，保證不要給顧客過多的刺激。活動的最后公司還可以發放紀念品，使這種體驗能夠長期地保存在顧客的記憶深處。①

不僅如此，派恩和吉爾摩還進一步分析指出，體驗經濟將劇場從舞臺領域引入到商務活動，每一種商務都是一個舞臺。伴隨著越來越多的服務經濟工作方式的自動化，商業中人與人交流的中心正轉化為提供體驗的舞臺。當公司的雇員在顧客面前開始工作的時候，一場戲劇的表演就開始了，直接被消費者接觸到的活動，都必須被理解為戲劇表演。公司的人力資源部門必須成為一個挑選人員的見習導演，為導演、劇作家和編劇創作的作品提供適當的演員、技師和舞臺團隊，而聘用的候選人將以見習演員的身分來扮演。在派恩和吉爾摩看來，員工是表演者，員工的工作是劇場。劇作＝策略，劇本＝程序，劇場＝工作，表演＝提供物。所有經濟的提供物——不僅僅只是體驗，還包括初級產品、商品和服務——都是企業從劇作、劇本到表演這一過程中的產物。恰當的塑造將服務活動轉化成為值得記憶的表演，等等。②

美國服務營銷學專家格魯夫和菲恩克則認為，體驗消費過程可以看成是一批演員在舞臺上表演。他們進而提出舞臺表演必須具有以下三個基本條件才會成功：一是演員；二是布景，即背景和舞臺設計；三是演出效果管理，即要使每位演員在正確的時間、正確的地點扮演好自己的角色。③

---

① 派恩二世（Joseph PineII，B.），吉爾摩（Gilmore，J. H.），體驗經濟［M］. 夏業良，譯. 北京：機械工業出版社，2002：55－56.

② 派恩二世（Joseph PineII，B.），吉爾摩（Gilmore，J. H.），夏業良. 體驗經濟［M］. 北京：機械工業出版社，2002：114－168.

③ 趙龍，周揚，楊珊珊. 情境終端［M］. 北京：中國發展出版社，2005：13.

根據派恩、吉爾摩、格魯夫、菲恩克等人的觀點，體驗經濟就是主題活動型經濟，劇場表演型經濟。派恩、吉爾摩、格魯夫、菲恩克等人的觀點很容易使人誤解，以為體驗經濟在相當程度上就是劇場表演型經濟，體驗消費就是劇場表演型消費。這就將體驗經濟和體驗消費的範圍大大縮小了，對體驗經濟和體驗消費的理解狹隘化了。

應該肯定，劇場表演型經濟是一種較為突出的體驗經濟類型，也是體驗經濟發展的重要趨勢之一。組織和提供主題明確、富有特色的大型主題項目活動，加強消費者的參與性、表演性和互動性，確實可以帶給人們強烈的新鮮感和新奇感，獲得難忘的體驗。但另一方面，筆者認為：第一，體驗經濟與劇場表演型經濟之間事實上是包含與被包含的屬種關係，劇場表演型經濟只是體驗經濟的主要類型之一，而不是體驗經濟的全部。相應地，體驗消費與劇場表演型消費之間事實上也是包含與被包含的屬種關係，劇場表演型消費只是體驗消費的主要類型之一，而不是體驗消費的全部。除了消費者參與性和表演性比較強的服務型體驗消費、主題項目活動型體驗消費之外，體驗消費還包括其他一些類型。第二，雖然劇場表演型經濟由企業設計和策劃，提供舞臺場地，布置相應背景，擺放道具產品，組織相應表演等，但在劇場表演型體驗消費中，體驗的主體並非企業，而是消費者。第三，在劇場表演型體驗消費中，消費者也不一定非要擔當演員和主角，非要參與表演才能獲得新奇刺激的體驗。例如，在體驗彝族的火把節、傣族的潑水節，以及藏族的「鍋莊」、壯族的扁擔舞、滿族的單鼓舞的過程中，人們既可以加入其中，作為一名主動的「參與者」來切身體驗一下那種載歌載舞的興奮，也可以只是站在旁邊觀看，作為一名被動的「旁觀者」去體驗那種熱鬧而獨特的氛圍，兩者都具有陌生感、新鮮感和新奇感，都可以獲得新奇獨特的體驗，因而都屬於體驗消費。

3 體驗消費需要分析

消費者從事體驗消費實踐的目的，在於滿足自身的體驗消費需要，獲得激動人心的消費體驗。體驗消費需要是引致消費者體驗消費心理和行為的根本原因和動力，也是其指向的最終目的和歸宿。科學地分析和揭示消費者的體驗消費需要，是體驗消費研究的必然要求。那麼，體驗消費需要具有什麼特殊性，具有哪些基本特徵，滿足體驗消費需要具有哪些重要意義，體驗消費需要產生的主要原因是什麼，滿足體驗消費需要的主要方式是什麼？這是本章需要重點回答的問題。

3.1 體驗消費需要及其基本特徵

3.1.1 體驗消費需要的特殊性

所謂體驗消費需要，是指在一定的社會條件下，消費者對於新奇刺激的消費體驗的不足之感和求足之願，反應了消費者由於缺乏某些消費體驗而產生的生理或心理的緊張狀態，並直接表現為對體驗消費的一種有意識的、可能實現的願望或慾望。筆者認為，體驗之心人皆有之，追求新奇的體驗是人類的天性，追求新奇的消費體驗是消費者的本能。人人心中都有一只「體驗兔」，當時機和條件成熟時，這只「體驗兔」就會蹦出來。從心理學的角度考察，求新、求異的心理是體驗消費得以產生的重要條件，也是體驗消費持續發展的動力源泉。變換新的消費花樣，尋求新的消費體驗，是消費者始終追求的目標。

3.1.1.1 體驗消費需要與體驗消費需求

體驗消費需要與體驗消費需求是兩個既相互區別又相互聯繫的概念，應該準確把握。體驗消費需求是指消費者在某一特定時期內，在某一價格水平時願意並且能夠支付的體驗消費對

象的數量。構成體驗消費需求，兩個條件缺一不可，一是要有體驗消費的購買願望，二是要有體驗消費的支付能力。一方面，如果消費者對於某個消費對象非常熟悉和瞭解，沒有什麼新奇刺激的感覺，那麼他就不會產生體驗消費的購買願望，因而，即使他具備足夠的貨幣支付能力，也不可能形成體驗消費需求。另一方面，如果消費者沒有足夠的貨幣支付能力，那麼，即使他對於某個新奇刺激的消費對象有著非常強烈的體驗消費願望，也不可能形成現實的體驗消費需求。可見，體驗消費需求必須以貨幣為基礎，通過市場交換實現。體驗消費需求的本質是具有貨幣支付能力，它是體驗消費需要實現的條件。

3.1.1.2 體驗消費需要與休閒消費需要、名牌消費需要、炫耀消費需要、奢侈消費需要的區別與聯繫

體驗消費需要與休閒消費需要、名牌消費需要、炫耀消費需要、奢侈消費需要等具有明顯的區別。體驗消費需要的心理訴求點在於求「體驗」，在於追求新奇刺激，主要反應了消費者的求新心理和好奇心理。消費者關注的是消費對象和消費過程的陌生感、新鮮感和新奇感，他們進行體驗的直接目的在於獲得一種未曾感受過的全新體驗，實現體驗效用的最大化；而休閒消費需要的心理訴求點在於求「休」求「閒」，休息、清閒、輕鬆自在、無拘無束是其基本特徵；名牌消費需要的心理訴求點在於求「名聲」、求「名氣」，主要通過消費對象的著名品牌來實現；炫耀消費需要的心理訴求點在於向別人炫耀，主要通過消費對象的品牌和價格來實現；奢侈消費需要的心理訴求點在於追求豪華和顯示富有，主要通過消費對象的高價格、高檔次、高質量來實現。

體驗消費需要與休閒消費需要、名牌消費需要、炫耀消費需要、奢侈消費需要的根本區別在於，在體驗消費需要實現過程中的消費者一定具有陌生感、新鮮感和新奇感，而在休閒消

費需要、名牌消費需要、炫耀消費需要和奢侈消費需要的實現過程中，消費者可能具有陌生感、新鮮感和新奇感，也可能不具有陌生感、新鮮感和新奇感。

　　體驗消費需要與休閒消費需要、名牌消費需要、炫耀消費需要、奢侈消費需要的聯繫表現在：有一部分體驗消費需要可以通過休閒消費、名牌消費、炫耀消費、奢侈消費等形式得以實現，有一部分休閒消費、名牌消費、炫耀消費和奢侈消費直接就是體驗消費，包含有新奇刺激的體驗成分。體驗消費需要與休閒消費需要、名牌消費需要、炫耀消費需要、奢侈消費需要之間實質上是交叉關係，其交叉部分依次是休閒型體驗消費需要、名牌型體驗消費需要、炫耀型體驗消費需要、奢侈型體驗消費需要。

　　3.1.1.3　體驗消費需要與功能消費需要、符號消費需要的關係

　　有人認為，隨著社會的進步、經濟的發展，消費者的消費模式循著理性消費階段、感覺消費階段和感性消費階段的進程發展。在理性消費階段，消費者看重的是產品的質量和價格。在感覺消費階段，消費者購買產品的重點轉向那些能夠滿足自己情緒層次、社會需要層次和具有身分標示意義的商品，並開始考慮到環境和社會的需要；在感性消費階段，消費者對商品的標記價值的需求居主導地位，其消費體現了高技術基礎上的追求自我的個性化取向與關注社會與自然環境社會化雙重主題。[①] 這種分析具有一定的道理。

　　筆者將消費發展進程劃分為功能消費階段、符號消費階段和體驗消費階段三個階段，分別對應滿足消費者的功能消費需要、符號消費需要和體驗消費需要。

---

　　① 王雲良. 論體驗經濟時代旅遊消費特徵的六大轉變 [J]. 產業與科技論壇, 2007 (5): 21.

在功能消費階段，消費者需要滿足的是功能消費需要，關注的是消費品（含服務，下同）的使用價值和特定功能。使用價值是特定的、具體的，取決於消費品自身的屬性，豬油的價值就在於它是豬油，棉花的價值就在於它是棉花，它們之間不能相互替代，原因就在於它們具有不同的功能。消費品的使用價值就是它的具體功能和有用性，這種有用性是和消費者的特定需要相適應的，是用於滿足消費者的特定需要的。

　　在符號消費階段，消費者需要滿足的是符號消費需要，關注的是消費品所具有的彰顯社會等級和進行社會區分的符號價值。消費者不僅僅是在消費物品本身所具有的內涵，而是在消費物品所代表的社會身分符號價值，諸如富貴、浪漫、時髦、前衛、歸屬感等，象徵衍生價值就像幽靈附身於消費品上，散發出身分符號的魅力迷惑著消費者。符號消費成為消費者自我表現、體現個性的工具，成為社會群體文化的符號象徵，成了人與人之間相互區別、相互認同的標記。符號消費又可以劃分為兩種符號表現形式：一是「趨同」，二是「示異」。所謂「趨同」，就是借助消費來表現與自己所認同的某個社會層或小團體的相同、一致和統一。所謂「示異」，就是借消費顯示自己與別人的差異和不同。①

　　在體驗消費階段，消費者需要滿足的是體驗消費需要，關注的是消費品是否具有陌生感、新鮮感和新奇感，能否帶給自己以新奇的體驗與滿足。從消費行為的角度看，消費者的消費行為和消費心理進入了一種新的、更高級的形態，他們注重的並不是消費品本身的功能，而是整個體驗消費過程；從消費目的的角度看，他們不僅僅只是為了得到消費品而進行支付，而是希望通過體驗消費過程完善自己、發展自己、享受生活或體

---

① 江鴻. 大學生消費行為與消費心理解讀［J］. 當代青年研究，2006（6）：6-8.

驗生活，是為了豐富人生閱歷、開闊視野、提高素質、增強能力，促進自身的身心健康和自由全面發展。

　　可見，在功能消費階段，消費者的消費觀念和消費行為表現為自我價值取向，消費直接是「為了自己」：消費目的在於借助消費品的功能價值直接滿足自己的功能消費需要，獲得消費效用和滿足。在符號消費階段，消費者的消費觀念和消費行為表現為他人價值取向，消費直接是「為了他人」，間接是「為了自己」：消費目的在於借助消費品的符號價值讓他人看、向他人展示，直接獲得他人的認可和認同，博得榮譽，進而自己間接獲得消費效用和滿足。在體驗消費階段，消費者的消費觀念和消費行為又表現為自我取向，消費直接是「為了自己」：消費目的在於借助消費品的體驗價值直接滿足自己的體驗消費需要，直接獲得消費效用和滿足。這表明，從功能消費需要、符號消費需要到體驗消費需要，消費者實現了從直接「為了自己」到直接「為了他人」再到直接「為了自己」的價值迴歸，實現了消費需要的層次性升級。

　　儘管人人心中都有一只「體驗兔」，追求新奇的消費體驗是消費者的本能。但是另一方面，我們又必須認識到：

　　（1）影響消費者選擇和決策的因素是多元的而不是唯一的，既有體驗因素，同時又有功能、質量、服務、安全、便利、審美、情感、社會象徵性等因素。忽視體驗因素的重要影響作用固然不對，過分拔高、過分誇大體驗因素的影響作用，甚至將體驗因素唯一化、絕對化，也是不對的。

　　（2）消費者一般都有自己的習慣和偏好。愛吃麥當勞和肯德基的，愛喝星巴克咖啡的，愛吃麻辣火鍋的，還是會經常去消費的，他們不是衝著新鮮感和新奇感去的，不是衝著消費體驗去的，而是衝著自己的偏好和口味去的，衝著優良的品質、服務和品牌去的。

（3）在現實的生活當中，由於受到支付能力等經濟方面條件的制約，常規消費是人們生活中主要的、基本的消費形態，體驗消費的比重相對要小一些。隨著社會經濟的發展，隨著人們收入水平的提高，可以預見的是，常規消費所占的比重將下降，而體驗消費的比重將趨於上升。

3.1.2 體驗消費需要的層次性

人們的需要是多方面的、多層次的，共同組成一個完整的、有機的需要構成體系。依照恩格斯的劃分，人們的需要構成體系自下而上依次是生存需要、享受需要和發展需要，依照美國人本主義心理學家 A. B. 馬斯洛的劃分，人們的需要構成體系自下而上依次是生理需要、安全需要、愛與歸屬的需要、尊重的需要和自我實現的需要。人們的需要構成體系是一個金字塔形的級差體系。需要的層次越低越不可缺少，因而越重要。人們首先必須滿足低層次需要，低層次需要得到滿足后，人們開始追求高一層次需要的滿足，進而追求更高層次需要、最高層次需要的滿足。

筆者認為，需要、消費需要、體驗消費需要之間是包含與被包含的屬種關係，可以進行交叉分析。與恩格斯的需要構成體系相對應，人們的消費需要構成體系自下而上可以依次劃分為生存型消費需要、享受型消費需要和發展型消費需要三個層次；人們的體驗消費需要構成體系自下而上可以依次劃分為生存型體驗消費需要、享受型體驗消費需要和發展型體驗消費需要三個層次。與馬斯洛的需要構成體系相對應，人們的消費需要構成體系自下而上可以依次劃分為生理型消費需要、安全型消費需要、愛與歸屬型消費需要、尊重型消費需要和自我實現型消費需要等五個層次；人們的體驗消費需要構成體系自下而上可以依次劃分為生理型體驗消費需要、安全型體驗消費需要、

愛與歸屬型體驗消費需要、尊重型體驗消費需要和自我實現型體驗消費需要等五個層次。體驗消費需要並不是完全不同的另外一種需要或消費需要，而是其構成體系中具有陌生感、新鮮感和新奇感的那一部分需要或消費需要。

一般說來，當人們處於生存型消費需要的滿足階段時，或者說處於生理型、安全型消費需要的滿足階段時，他們迫切要求解決的是基本的生存問題和溫飽問題，滿足最基本的生理需要；但求食可果腹、衣可蔽體，關注的重點在於消費對象的數量，對於消費對象的質量還不敢有多少奢望。此時，其消費對象的需求彈性很小，所蘊含的體驗因素很少，體驗消費需要在其消費需要構成中所占的比重也很小。一般說來，當人們處於中高級層次的享受型、發展型消費需要的滿足階段時，或者說處於中高級層次的愛與歸屬型、尊重型、自我實現型消費需要的滿足階段時，其消費對象的需求彈性越來越大，所蘊含的體驗因素越來越多；此時，他們的體驗消費需要將會越來越強烈，在消費需要構成中所占的比重也會越來越大。

在恩格斯的需要構成體系中，需要、消費需要、體驗消費需要之間的關係如圖3-1所示；在馬斯洛的需要構成體系中，需要、消費需要、體驗消費需要之間的關係如圖3-2所示。

需要構成體系和消費需要構成體系呈三角形，表示需要構成體系和消費需要構成體系都是金字塔形的級差體系。體驗消費需要構成體系呈倒三角形，表示在需要或消費需要的低層次階段，體驗消費需要所占比重很小；隨著人們的需要或消費需要的層次性上升，體驗消費需要所占的比重越來越大。體驗消費需要構成體系在消費需要構成體系之中，消費需要構成體系在需要構成體系之中，表示體驗消費需要是消費需要中的一部分，消費需要又是需要中的一部分，需要、消費需要、體驗消費需要之間是包含與被包含的屬種關係。

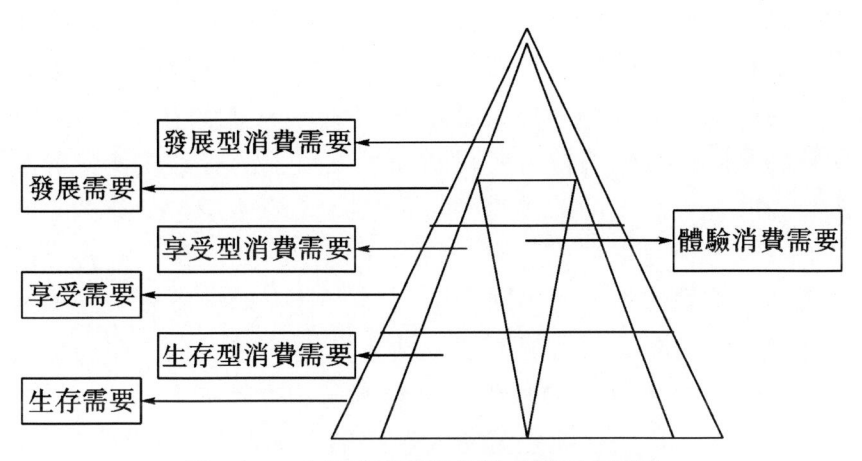

圖 3-1：在恩格斯的需要構成體系中需要、
消費需要、體驗消費需要之間的關係

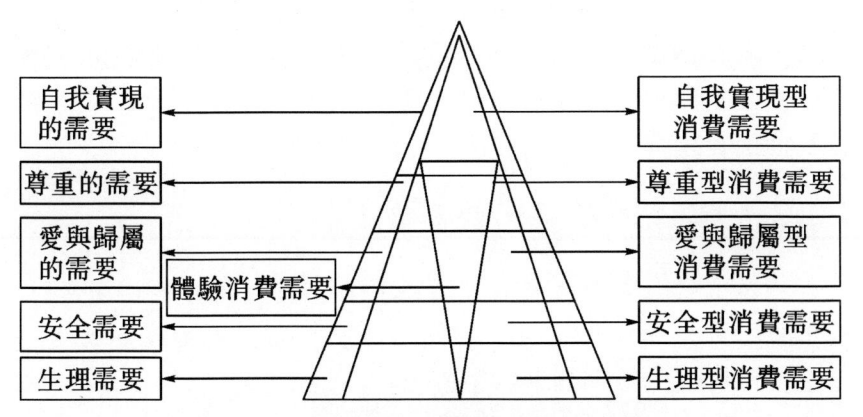

圖 3-2：在馬斯洛的需要構成體系中需要、
消費需要、體驗消費需要之間的關係

　　人們的需要和消費需要具有層次性或階段性。中國古代的荀子指出，「饑而欲食，寒而欲暖，勞而欲息，好利而惡害，是人之所生而有也。」中國古代的韓非子也指出，「故糟糠不飽者，不務粱肉；短褐不完者，不待文綉。」人們的體驗消費需要也是具有層次性或階段性的，這既取決於他們的收入水平和支付能

力，又取決於他們自身的文化素質。一般說來，消費者首先滿足的是較低層次的體驗消費需要，當較低層次的體驗消費需要得到滿足之後，消費者會產生新的較高層次的體驗消費需要，當較高層次的體驗消費需要得到滿足之後，消費者往往又會產生更多的、層次更高的體驗消費需要。人的慾望是無窮的，體驗消費需要的層次性上升也是沒有止境的，如此循環往復、層次遞進，推動體驗消費不斷向前發展，形成延續無盡的體驗消費序列。這是體驗消費需要層次性上升規律的表現。在體驗消費需要層次性上升的過程中，體驗本身也在實現層次性上升，內涵在不斷變化、不斷豐富，人們認識世界的深度和廣度也在不斷遞進。現代社會，在高度發達的科學技術和先進的生產力推動下，產品和服務不斷得到創新，新的消費領域、消費方式不斷湧現，人們的體驗消費需要在內容、層次上也不斷更新和發展。現代消費者不僅要求滿足吃、穿、住、用、行等方面的體驗消費需要，而且要求滿足社交、尊重、情感、審美、求知、自我價值實現等方面的高層次的體驗消費需要。

3.1.3 體驗消費需要的基本特徵

體驗消費需要實質上是人們尋求陌生感、新鮮感和新奇感，尋求新奇刺激的消費體驗的心理和情感需要。體驗消費需要的基本特徵可以概括為如下六個方面：

3.1.3.1 新奇心理的滿足

追求新奇是體驗消費需要產生的內因，是其體驗消費行為產生的基礎。人人都有好奇心，喜歡追求新鮮、新奇、有趣的東西，以求得新的享受、情趣和體驗。從心理學的角度看，新奇的消費對象更容易對消費者形成一種新異刺激，激發其強烈的好奇心和體驗慾。其中原因主要有兩點，一是「新的消費品往往與較高的科技與生產水平緊密相連，因而往往具備更高的

質量和更新的功能，能夠帶給人們新的方便和新的享受。」① 二是有的消費對象雖然不是高科技產品，但是或具有獨特的文化內涵，或具有深厚的歷史底蘊，或具有鮮明的民族特色，或具有濃鬱的地方風情和異國情調，因而能夠給人以新奇感和獨特的體驗。

　　新鮮是一種美感，奇特也是一種美感。喜新厭舊、追求新奇是人的心理共性。巴甫洛夫根據實驗證明：「凡是微弱、單調而又重複出現的刺激物就直接引起大腦皮質的有關神經細胞的抑制過程，這種抑制過程就會擴散開來引起睡眠」。這表明，單調、重複、陳舊的事物難以引起人們的注意和興趣。人們總是對新鮮的事物懷有濃厚的興趣和探究的心理。在某種程度上說，消費者求新的消費動機永遠不會消失，追新逐異的消費慾望是無限的。但是，新奇消費對象的供給是有限的，並且任何一種新奇的消費對象，其「新」的生命是有限的，總要被更新的消費對象所替代。這就形成了新奇消費對象的有限性和消費者求新慾望的無限性之間的矛盾。這就要求生產廠商要堅持創新，不斷提供更多更新的體驗式消費對象，這樣才能不斷滿足消費者的新奇體驗需要，擴大體驗消費市場。

案例3-1：「奧特曼」和「超星神」

　　3歲至6歲的兒童特別是男孩，非常愛看電視劇「奧特曼」系列、「超星神」系列。在成人們看來，「奧特曼」和「超星神」的劇情內容其實非常簡單，千篇一律，無非是突然出現了一個怪物，該怪物身軀龐大，力大無窮，凶狠可怕，要毀滅宇宙或人類。危急關頭，英勇的「奧特曼」或「超星神」出現了，並最終戰勝了各式各樣龐大的怪物。為什麼兒童們會對「奧特曼」和「超星神」如此痴迷、如此喜歡，並在日常生活

---

① 杜金柱，陶克濤. 消費心理學［M］. 北京：中國商業出版社，2001：132－135.

中競相模仿呢？

原因在於，第一，「奧特曼」和「超星神」正好契合了兒童的心理。兒童的基本特點是人小，力弱，膽怯，愛憎分明。他們希望自己快快長大，而「奧特曼」和「超星神」正好是他們理想的化身：身材高大，強壯威猛，勇敢頑強，充滿力量，代表正義，戰勝邪惡。第二，「奧特曼」和「超星神」系列電視劇通俗易懂，人物形象簡單，個性突出，愛憎分明，兒童們一看就明白。第三，「奧特曼」和「超星神」同孫悟空一樣，神通廣大，富於變化。第四，不僅如此，廠商們還開發了「奧特曼」和「超星神」系列，既有人物模型，又有衣服、鞋子、書包乃至文具等，讓「奧特曼」和「超星神」實實在在走入了兒童們的現實生活之中。

這最后一點非常絕，兒童們因為看「奧特曼」和「超星神」電視劇的緣故，喜歡上了「奧特曼」和「超星神」；因為喜歡「奧特曼」和「超星神」的緣故，兒童們在日常生活中競相購買「奧特曼」和「超星神」系列物品，特別是「奧特曼」和「超星神」系列人物模型；因為日常生活中天天接觸「奧特曼」和「超星神」系列物品的緣故，兒童們更加迷戀「奧特曼」和「超星神」，從而更多地購買「奧特曼」和「超星神」更新版本的電視劇、人物模型和物品系列，形成了良性循環。

日常生活之中，兒童們愛以「奧特曼」和「超星神」自居，模仿「奧特曼」和「超星神」的語言和動作，擺弄「奧特曼」和「超星神」的人物模型。交流、比較、吹噓各自擁有的「奧特曼」和「超星神」，成了兒童們交往玩耍的部分內容。在這裡，我們看到了兒童體驗消費的典型形式：「奧特曼」和「超星神」消費。

觀看新版的「奧特曼」和「超星神」電視劇，感受「奧特曼」和「超星神」與怪物生死決鬥的新故事，感受「奧特曼」

和「超星神」的新著裝、新武器和新變化等，無疑是體驗消費。如果已經非常熟悉「奧特曼」和「超星神」電視劇了，那麼，再次觀看「奧特曼」和「超星神」電視劇，就只是重複消費，而不是體驗消費。兒童們往往更愛看最新版本的「奧特曼」和「超星神」，因為更具有新奇刺激性，更有吸引力和誘惑力。

穿著「奧特曼」或「超星神」的衣服和鞋子，背著「奧特曼」或「超星神」的書包，用著「奧特曼」或「超星神」的系列物品，玩著「奧特曼」或「超星神」的人物模型，頭腦中回味著「奧特曼」或「超星神」的動人故事，嘴巴模仿著「奧特曼」或「超星神」的經典語言，手腳模仿著「奧特曼」或「超星神」的經典動作，仿佛自己就是「奧特曼」或「超星神」，完全陶醉於「奧特曼」或「超星神」的幻覺和想像之中，這就是典型的體驗消費。

資料來源：筆者整理

3.1.3.2 逆反心理的滿足

消費過程中的逆反心理是體驗消費需要產生的重要內因。逆反心理就是人們對長期持續的消費內容或消費方式感到厭倦，迫切希望改變而又不能如願，不得不繼續舊有的消費時，轉而去追求一種完全相反的消費內容或消費方式時的心理。[①] 人們對於自己長期所處的工作和生活狀態，常常產生疲勞乃至厭倦的心理，而對於其他的工作和生活狀態則心向往之，渴望體驗和感受一番。人們對於自己已經擁有的東西往往不太在意、不太珍惜，而對於自己不曾擁有的東西總是懷有好奇心，渴望擁有或嘗試。例如，長期生活在城市裡的人，很可能會對城市的擁擠、喧鬧和污染產生反感，轉而向往郊外鄉村的寧靜、舒適和

---

① 杜金柱，陶克濤. 消費心理學 [M]. 北京：中國商業出版社，2001：132－135.

清新的空氣。而一個從小生活在偏僻山村的青年，則會忽視鄉村的自由、恬靜和清新，而夢想著城市繁榮和多彩的生活。這其中，逆反心理或多或少地起了作用。

　　常規消費是日常性消費，是我們平時消費生活的常態，是長期的經常性的。而體驗消費是日常性消費的例外，是我們平時消費生活的反常態，是短期的暫時性的。從某種意義上說，體驗消費可以理解為消費者對擁有的逃離，對缺失的追求，對熟悉的逃離，對陌生的追求，對常態的逃離，對異態的追求。這種逆反心理和反差效應是普遍存在的。人們從事體驗消費，一方面受逃避因素的影響，試圖擺脫平凡的、熟悉的、乏味的日常消費常態；另一方面受尋求因素的影響，試圖從新奇的消費對象和消費環境中獲得心理或情感上的美好體驗。謝彥君在探討旅遊者的旅遊需要與旅遊景觀的對應關係時曾提出了一個模型。① 該模型表明，旅遊者的心理狀態與其需要的景現狀態之間存在著相逆的關係，即心理尚處於原始狀態的旅遊者，傾向於觀覽具有現代風格的旅遊景觀，相反，心理達到現代狀態的旅遊者，往往傾向於尋訪具有蠻荒氣息的旅遊景觀。正像哥特理伯（A. Gotllieb）在《美國人的假期》一文中所說的那樣：富裕的美國人的假期要過上「一天農民的日子」，而那些比較貧窮的旅遊者則可能企望過上「一天國王的日子」。與此相類似的是，勞累的人希望尋求閒暇的體驗，緊張的人希望尋求放鬆的體驗，安逸的人希望尋求刺激的體驗，倍感空虛與寂寞的人希望尋求逃避孤獨的體驗，而整日為世俗事務和社會關係所羈絆的人則希望尋求逍遙自在、無拘無束的體驗。

　　3.1.3.3　追求精神和情感上的滿足

　　隨著社會生產力的發展和收入水平的提高，消費者必然經

---

　　① 謝彥君. 旅遊體驗研究——一種現象學視角的探討［D］. 大連：東北財經大學博士學位論文，2005：111-112.

歷從追求物質上的享受到追求精神上的滿足，從追求數量滿足、質量滿足到追求情感滿足的過程。體驗消費凸顯了消費者對消費概念的新「領悟」：他們以個人精神世界的豐滿、充實為消費的出發點，在消費中越來越注重心理感受、自我呈現、自我實現等。消費的意涵已經發生改變，從溫飽消費到展示富足、表現內在的精神內涵的消費，從生物需要的驅動到更加富於社會性、象徵性和自我實現的現代消費。① 人們追求心靈的文化和填補精神的饑渴，迫切希望通過產品或服務的消費過程完善自己、發展自己、享受生活或體驗生活，力圖獲得一種心理或情感上的體驗。②

體驗消費中，消費者要求產品和服務不僅要有「功能」上的效益，更要有「情感」和「體驗」上的效益，追求產品和服務在整個體驗消費過程中帶來的情感的愉悅和滿足，體驗的美妙和難忘。體驗消費中，消費者要求產品或服務蘊含濃厚的感情色彩，能夠與自我心理需求產生強烈共鳴，能夠外現個人的情緒狀態，成為人際交往中感情溝通的媒介。體驗消費中，消費者會將自己喜怒哀樂等各種情緒體驗映射到消費對象上，要求所購產品或服務與理想的自我概念相吻合，與自身的情緒體驗相呼應，以求得情感的平衡、補償和寄托。由於對體驗消費對象具有陌生感、新鮮感和新奇感，所以，消費者在體驗消費中，也很容易感受到視覺、聽覺、味覺、嗅覺和觸覺等方面的強烈衝擊，很容易產生心理和情感上的觸動。

3.1.3.4 追求個性化的滿足

消費者追求個性化滿足的主要背景條件：

（1）大機器工業的批量化生產使產品擺脫了手工業時代的

---

① 權利霞.體驗消費與「享用」體驗［J］.當代經濟科學，2004（2）：80.
② 劉群望，王玉敏.新時代的消費方式——體驗經濟［J］.消費經濟，2003（3）：33.

個性化特點，但是另一方面又使得產品或服務的數量快速增加，品種不斷增多，這為消費者自主選擇權的增加、個性化消費的增強奠定了物質基礎。

（2）體驗經濟以滿足消費者個性化需求為出發點，力圖為消費者提供定制化商品或服務。企業所主張的是消費者個性的張揚，並竭盡全力保證消費者個性需求的全面滿足。①

（3）隨著生產力和收入水平的不斷提高，消費者的需求層次進一步的昇華，需要更加個性化、人性化的消費來實現自我、表現自我，消費方式從大眾化的、標準化的消費轉向旨在讓人性得到全面發展的「一對一服務」甚至「多對一服務」基礎上的個性化消費。

（4）個性化時尚成為當今社會的一個顯著特徵。正如里斯曼所說的，「今天最需求的，既不是機器，也不是財富，更不是作品，而是一種個性」。②

體驗消費中，個性化需求的滿足備受消費者重視，追求時尚與形象、展現個性與發展自我成為消費者的迫切願望。主要表現：

（1）消費者根據自己的個性和喜好自由地選購、自由地享用消費對象，自由地享受閒暇。

（2）消費者對於那些能夠促成自己個性化形象形成，彰顯自己與眾不同的體驗式消費對象情有獨鐘。他們不僅希望廠商量身定制個性化色彩鮮明的消費對象，還希望感受有個性、有價值的美好體驗。

（3）消費者更加注重消費對象的象徵意義，希望購買與自

---

① 汪秀成. 體驗經濟的成因與價值分析［J］. 北京工商大學學報：社會科學版，2005（3）：46.
② 波德里亞. 消費社會［M］. 劉成富，等，譯. 南京：南京大學出版社，2002：81.

己的品位、個性、價值觀相吻合、能夠引起自己心理共鳴的感性消費對象，力求在體驗消費中實現一種個性化的情感滿足以及對人生意義的追求。

3.1.3.5　多樣性和差異性

具體表現：

（1）不同消費者之間體驗消費需要各不相同。體驗消費需要的產生主要取決於消費者自身的主觀狀況和所處的消費環境兩方面因素。由於不同消費者在年齡、性別、民族傳統、宗教信仰、地域環境、生活方式、收入水平、教育程度、個性特徵等方面的主客觀條件千差萬別，因此他們的體驗消費需要也是多種多樣的，具有明顯的差異性和異質性。

（2）同一消費者的體驗消費需要是多元的。每個消費者不僅有生理的、物質方面的體驗消費需要，還有心理的、精神方面的體驗消費需要，不僅有吃、穿、住、用、行方面的體驗消費需要，還有休閒娛樂、美容健身、文化修養、社會交往等高層次的體驗消費需要。

（3）同一消費者對某一特定消費對象常常同時兼有多方面的體驗消費需要。如既要求某種產品功能全、質量優、科技含量高，同時又要求其形狀美觀、時代感強、個性鮮明等。這說明，同一消費者的體驗消費需要仍具有絕對的差異性。

3.1.3.6　短暫性和週期性

體驗消費的本質屬性是新奇刺激性。一般說來，對於某一特定的消費對象，消費者在初次消費或最初幾次消費中的陌生感、新鮮感和新奇感最為強烈，所獲得的新奇體驗最為深刻難忘。隨著消費次數的增加，消費者對於該消費對象將會越來越熟悉、越來越瞭解，其陌生感、新鮮感和新奇感將會越來越少，最后完全消失，此時體驗消費也就轉變為常規消費了。這表明，體驗消費需要具有階段性和短暫性。

一般說來，消費者對於某一特定消費對象的體驗消費需要得到滿足之後，在一定時期內不會再產生，但經過一段時間以後，其體驗消費需要又有可能會重新出現，顯示出一定的週期性。重新出現的體驗消費需要不是對原有需要的簡單重複，而是在內容上和形式上有所變化和更新，顯示出「螺旋式上升」的週期性。體驗消費需要的週期性主要是由消費者的生理運行機制及某些心理特性引起，主要是體驗消費需要層次性上升規律作用的結果，並受到自然環境變化週期、產品生命週期和社會時尚變化週期的影響。其一，消費者在對某一特定消費對象的后續消費過程中，很可能會不斷有新的發現和感悟，不斷有新的體驗和驚喜。這表明，淺層次體驗有可能不斷發掘出內容更豐富的深層次體驗，促進消費者認識深化、情感昇華、境界提高，這正是體驗消費的深層性意義所在。其二，生產經營者不斷創新，「舊瓶裝新酒」或者「新瓶裝舊酒」，對於原有產品或服務加以調整、改進和組合，賦予新的內涵等，往往能夠重新激發消費者的體驗熱情。例如，某些流行時裝可能在消退 5 年、10 年、甚至更長時間后重新流行起來。有些地方的「老插酒家」、「知青飯店」生意紅火，受到了當年「上山下鄉、戰天鬥地」的老知青們的青睞。

3.2　體驗消費的重要意義和作用

派恩和吉爾摩認為：[1]　①體驗帶來了趣味、知識、轉變和美感，對這些永恆特性的更多渴求帶動了體驗經濟。②體驗決定

---

[1] 派恩二世（Joseph PineII，B.），吉爾摩（Gilmore，J. H.），體驗經濟［M］. 夏業良，譯. 北京：機械工業出版社，2002：171.

我們是誰，我們能做什麼，我們將去哪裡。人類總在搜尋激動人心的新體驗，來學習成長、發展進步、修正革新。③伴隨著工農業經濟的退化，靠沉重體力勞動營生的人數大量減少，勞動力性質的轉變也引發對新型體驗經濟的需求。④人們真正的追求是體驗，此外還希望有好的身體，重塑自我，與眾不同。

我們可以從以下幾個方面具體分析體驗消費的重要意義和作用。

3.2.1 有利於提高人的素質，實現自由全面發展

人的全面發展是人的最高需求，也是馬克思主義的出發點和歸宿。馬克思主義認為，人的全面發展就其最一般的意義上講，它是人的本質力量的最大限度發揮，是「人以一種全面的方式，也就是說，作為一個總體的人，佔有自己的全面的本質。」① 人類未來社會的理想模式是：「建立在個人全面發展和他們共同的社會生產能力成為他們的社會財富這一基礎上的自由個性。」②

當前，中國各族人民正在黨的領導下全面建設小康社會。黨的十六屆三中全會明確提出：「堅持以人為本，樹立全面、協調、可持續發展觀，促進經濟社會和人的全面發展。」胡錦濤同志在黨的十七大報告中更是明確指出：「科學發展觀的核心是以人為本，要促進人的全面發展，做到發展為了人民、發展依靠人民、發展成果由人民共享。」可見，以人為本，促進人的全面發展，是全面建設小康社會的根本價值取向，是科學發展觀的題中應有之義，也是衡量社會文明進步的主要標誌。

生產力的提高和社會經濟的發展，是實現人的自由全面發展的物質基礎和條件。但在現實的生產領域，人的自由全面發

---

① 馬克思恩格斯全集：第 42 卷 [M]．北京：人民出版社，1979：123.
② 馬克思恩格斯全集：第 42 卷 [M]．北京：人民出版社，1979：104.

展往往因分工而受到限制。馬克思指出，一方面，分工構成了人的全面發展的必要環節：分工將社會關係人格化，造就了人的現實的社會本質，「受分工制約的不同個人的共同活動產生了一種社會力量，即擴大了的生產力」。但是另一方面，「個人是受分工支配的，分工使他變成片面的人，使他畸形發展，使他受到限制」。①「只要分工還不是出於自願，而是自發的，人本身的活動對人來說就成為一種異己的、與他對立的力量，這種力量驅使著人，而不是人駕馭著這種力量。」②

社會分工的結果是，人們成了社會再生產這架巨型機器上的一個「零部件」和「螺絲釘」。社會生產力越發展，科學技術水平越高，社會化生產規模越大，則社會分工越細，人們越是被束縛在一個越來越狹小的領域中，被束縛在一個越來越專業的崗位上，被束縛在一個越來越狹隘的工作環節上，成為一個越來越小的「零部件」和「螺絲釘」。社會分工使得人們長時間從事某一方面的工作，甚至終身從事某一崗位的工作。他們對於自己所從事的工作和崗位可能很內行、很專業，但是對於其他的工作和崗位卻知之甚少甚至一無所知。可見，在現實的生產領域中，「個人是受分工支配的」，難免「畸形發展」，變成「片面的人」，人的自由全面發展受到限制。

與生產領域不同的是，人們在消費領域不受專業化分工的約束和限制，完全可以、而且完全應該多樣化。消費特別是體驗消費，是解決社會分工所導致的人的「畸形發展」、「片面發展」，實現人的自由全面發展的有效途徑。尹世杰教授認為，人的全面發展，關鍵在於：在提高人的主體性和能力的基礎上，全面提高人的素質，特別是文化素質。必須使人的精神生活不斷充實，文化素質不斷提高，使人成為「文化人」，真正促進人

---

① 馬克思恩格斯選集：第 3 卷 [M]．北京：人民出版社，1960：514．
② 馬克思恩格斯選集：第 3 卷 [M]．北京：人民出版社，1960：37．

的全面發展。① 這是非常中肯的。在體驗消費中，人們得以暫時擺脫重複單調、平庸煩悶的日常生活，在收入允許的條件下自由地選擇新奇的消費對象和消費方式，自主地嘗試和體驗新奇的消費生活，充分滿足自己的興趣和好奇心。新奇的體驗和感受，有利於人們拓寬視野、增長見識、豐富生活閱歷，有利於人們釋放情感、陶冶性情、獲取感悟、培育全新的自我。更重要的是，人們在體驗消費中，還可以充分發揮自己的個性和特長，親自動手創造、設計和製作新奇的消費對象，既滿足了新奇的體驗需要，又提高了自身的能力和素質。可見，積極的、健康向上的體驗消費活動，有利於「提高人的主體性和能力」，有利於「全面提高人的素質，特別是文化素質」，「使人的精神生活不斷充實」，從而有利於促進人的自由全面發展。

3.2.2 有利於豐富生活，探索未知

對於日常消費生活，人們熟悉而習慣，但不免感覺有些平淡和單調，甚至乏味和厭倦。人的本性向往新奇的東西。在生活消費領域，消費者對那些陌生而新奇的消費對象、消費環境、消費方式等，懷有濃厚的興趣。他們渴望體驗未知，感受新奇，渴望新體驗、新感覺、新滋味。體驗消費是人們體驗心理訴求的基本表現形式，也是消費者的自然選擇和要求。體驗消費猶如萬花筒，使我們單調的生活變得豐富多彩；體驗消費猶如調味品，使我們乏味的生活變得有滋有味；體驗消費猶如綠洲，使我們平淡的生活增添了亮麗的色彩。在體驗消費的「綠洲」中，我們感受著新鮮的新奇的一切，激情燃燒、熱情迸發，平淡的生活變得生機盎然，充滿活力和情趣。這正是體驗消費的魅力和魔力所在。

---

① 尹世杰. 閒暇消費論［M］. 北京：中國財政經濟出版社，2007：194.

人們常常會對自己熟悉的工作或生活圈子之外的陌生世界充滿好奇，渴望探求高山的背后有什麼，大海的那邊有什麼。體驗實質上反應了人們對於未知的好奇，對於神祕的渴望，反應了人們對於人、自然和社會永無止境的探索精神。體驗實質上反應了人類從陌生到熟悉、從未知到已知的認識客觀世界的過程。從消費領域來看，體驗有利於人們個體創造性的發揮，有利於生活消費的創新，消費結構的優化升級；從生產領域來看，體驗有利於促使工商企業不斷創新產品和服務，不斷創新生產經營活動，促進生產力的發展和社會的進步。從表面上看，體驗消費只是人們對於生活消費的陌生感、新鮮感和新奇感的追求，只是為了獲得一時的新奇體驗，似乎很膚淺。但實質上，新奇的體驗自然而然地會在消費者的頭腦意識中留下深刻難忘的印象，或多或少、或深或淺地會對消費者的心理、行為和情感產生觸動和影響，甚至會對消費者的思想認識、道德情操，乃至對世界觀、人生觀、價值觀產生深遠的影響。可見，對體驗消費進行正確引導，充分發揮其積極作用，抑制其消極影響，意義重大。

案例 3-2：酒文化旅遊

在廣州出版的《看世界》上讀到一篇《波爾多市簡介》，波爾多這幾個字我倒不陌生……我也只知道那兒出酒，並不知道這個城市裡有滿街的酒專業店。家家都是歷史悠久的老字號，個個老板滿腹酒經，很樂意讓客人品嘗他的美酒。同時到了波爾多市，就讓旅客去波爾多附近的那些酒莊。酒莊擁有者是自己種植葡萄、自己釀造美酒，自己在橡木桶中儲存美酒、自己出售和向外面市場供應葡萄酒。在酒莊所在地會讓旅客品嘗地道的自製美酒，而且教你如何品嘗評定美酒的方法。於是到波爾多市去旅遊既能用眼見到這個酒城古建築、古市場、古文化的面貌，用耳聽到有關當地酒的歷史知識和釀造知識，又能用

舌用鼻品嘗波爾多名酒的味和香，並且學會如何區分評價不同的波爾多酒，提高品酒評酒的能力。這也是一種文化——酒文化水平的提高。讓遊客會感到自己不虛此行。

以某種文化為中心來開展旅遊事業，這一點中國旅遊業者似乎還未充分覺悟到。在這方面波爾多市的經驗是可以借鑑的。

《看世界》那則《簡介》裡還告訴我們，波爾多市內有一所葡萄酒學校，講解波爾多葡萄種植的歷史、葡萄栽培和收穫技術、葡萄酒釀造等課程和到葡萄園參觀和品酒。整套課程學下來就可以學到系統的葡萄酒專門知識。這種學校向所有對葡萄酒有興趣的人包括外地來的旅客開放，初級的課程只需用二天時間就可以完成。乘到波爾多來遊覽的機會，多花二天時間，學得一門學問，許多人會感到滿意的。用學校教育的形式來發展旅遊業，這一點，我以前沒有想到過。這個簡介給我一個啓發：中國是否可以舉一反三，來開展各式各樣適合於參觀學習的旅遊活動呢？

資料來源：於光遠．論普遍有閒的社會．北京：中國經濟出版社，2004．

3.2.3 有利於發展興趣愛好，釋放情感和壓力

消費者希望從事自己感興趣的消費活動和消費實踐，獲得更多的效用和滿足，更多的閒暇和享受，興趣、愛好、健康和快樂的心情是他們的追求。體驗過程之中，消費者感覺很新鮮很新奇，既有較強的娛樂性和趣味性，又有較強的參與性和創造性，甚至具有較強的冒險性和挑戰性。體驗過程之中，消費者興趣盎然、樂在其中，消費過程就是新奇愉悅的體驗之旅。體驗過程之中，消費者得以享受生活、體驗生活，發展興趣愛好、豐富人生閱歷，促進了自身的身心健康和自由全面發展。例如，人們有時候寧願自己粉刷牆壁、修剪草坪、組裝家具乃至組裝汽車，興趣盎然。有的人購買住房，不僅要求房屋方便

舒適，環境自然優美，而且還希望房子旁邊能夠配一小塊土地，閒暇之餘能夠親身體驗一下餵養雞鴨、種植蔬菜、採摘瓜果的快樂，體驗一番鄉村生活的特殊情趣。

不僅如此，體驗消費還有利於人們釋放情感和壓力。在社會生產領域，人們被固定在某一個領域、某一個專業和某一個崗位，扮演著特定的社會「角色」，戴著特定的「面具」，穿著特定的「外套」。① 每一種特定的社會角色都有其特定的權利義務關係，都要遵循特定的行為規範和職業道德，遵守各種規章制度紀律，常常處於被支配、被管理、被監督的地位。也就是說，工作關係中的自我是接受職責規範的自我，是戴了「面具」、穿了「外套」的自我，常常是被壓抑的、「不自由」的。處於激烈市場競爭中的人們，心理上承受著超負荷的壓力，常常會遭受失敗、困惑、迷茫的「侵襲」。生活在「水泥森林、高樓峽谷」中的人們，為工作忙碌，為家庭操勞，常常會感到緊張、焦慮、心累大於身累。人的心理承受能力是有限度的，當心中的緊張、壓力、鬱悶乃至煩躁、失意、痛苦等積壓到一定的程度，人們往往需要尋求釋放乃至發洩。

生活消費特別是體驗消費領域是個自由的天地，在收入約束範圍之內，消費者完全是自己的主人，「我的地盤我做主」。在體驗消費之中，消費者可以根據自身的興趣、愛好、習慣，自由地選擇所喜歡的消費對象和消費方式，自由地「扮演」各種自己希望扮演的社會角色，自由地感受各種未曾嘗試的新奇體驗。在體驗消費之中，消費者可以摘下「面具」、脫下「外套」，暫時擺脫工作或責任的束縛和煩惱，滿足當「上帝」的種種美妙的感覺。人們更多的是通過休閒、旅遊、保健、鍛煉、唱歌、觀看演出競賽等釋放情感和壓力，進行積極的心理調適；

---

① 所謂「面具」和「外套」，是西方社會學印象管理理論中的重要概念，借喻人們在社會中因擔任不同的職務和身分，而具有相應的面孔和形象。

也有的通過冒險探索、極限運動、「減壓吧」、「發泄吧」等方式，將自己壓抑已久的鬱悶和壓力好像火山一樣爆發出來。也正因為如此，一些荒誕怪異的、甚至消極頹廢的「體驗」也應運而生了！對此我們要高度重視，並進行正確的引導。

3.3 體驗消費需要產生的主要原因分析

消費者體驗消費需要的產生和發展，既有供給方面的原因，也有需求方面的原因，既有經濟方面的原因，也有社會、科技、文化、心理等諸多方面的原因。具體可從以下幾個主要方面進行分析。

3.3.1 城鄉居民生活顯著改善

改革開放以來，中國經濟快速增長，城鄉居民收入大幅提高，消費支出大幅增長。統計顯示，1979—2007 年，中國經濟以年均 9.8% 速度快速發展。1978—2007 年，中國農村居民人均純收入增長近 30 倍，年均增長 12.6%；城鎮居民人均可支配收入增長 39 倍多，年均增長 13.6%；城鄉居民儲蓄存款年底餘額增長 818.3 倍，年均增長 26%。1978—2007 年，中國農村居民人均生活消費支出增長 26.8 倍，年均增長 6.4%；城鎮居民人均消費支出增長 31.1 倍，年均增長 6.4%。農村居民家庭恩格爾系數下降了 24.6 個百分點，城鎮居民家庭恩格爾系數下降了 21.2 個百分點。[①] 改革開放以來，中國城鄉居民生活水平連續跨越幾個臺階，從基本消除貧困，到解決溫飽，再到實現總體

---

① 根據國家統計局《改革開放 30 年報告之五：城鄉居民生活從貧困向全面小康邁進》，http：//www.stats.gov.cn/tjfx/ztfx/jnggkf30n/t20081031 __ 402513470.htm

小康，正在向全面建設小康社會目標邁進。這為消費層次的提高、消費需求的擴大、消費結構的優化升級打下了良好的基礎，為包括體驗消費在內的城鄉居民消費快速發展打下了良好的基礎。

國際經驗表明，人均 GDP 超過 1000 美元是消費結構升級的起跑線。2002 年，中國人均國民總收入首次超過 1000 美元，達到 1100 美元，2006 年又超過 2000 美元，達到 2010 美元。[①] 統計顯示，2005—2009 年，中國國內生產總值由 184,937 億元提高到 335,353 億元。2009 年，中國農村居民人均純收入達到 5,153 元，城鎮居民人均可支配收入達到 17,175 元，城鄉居民人民幣儲蓄存款額達到 260,772 億元。[②] 這為中國體驗經濟與體驗消費的快速發展創造了豐厚的物質條件。「十五」期間，中國 GDP 年均增長 9.5%。預計「十一五」期間，中國 GDP 年均增長 9% 以上，消費增長 12% 左右。到 2020 年，中國的國內生產總值比 2000 年翻兩番，人均 GDP 將超過 3000 美元，達到中等收入國家水平。中國居民消費結構將進一步升級，追求享受型消費和發展型消費的傾向更加明顯，商貿、旅遊、餐飲、交通、通信、醫療、教育、文娛、體育等服務消費需求持續增長，體驗消費方興未艾。

3.3.2 科學技術發展日新月異

現代科學的進一步創立和運用，如計算機、彩電、信息網絡、VCD/DVD 光盤、衛星通訊、核能、高分子化合物、激光、克隆等重大成果，把人類文明推向 21 世紀。當今的科技革命將主要在信息科技、生命科學和生物技術、新材料與納米科技、空間科學與航天科技、新能源與環保科技等領域取得群體性突

---

① 根據國家統計局編《中國統計年鑒——2007》。
② 根據《中華人民共和國 2009 年國民經濟和社會發展統計公報》。

破。以通信技術、計算機技術、軟件、微電子技術、寬帶網絡及移動通信（新一代的4G）等技術為代表的信息技術是當代發展最快的技術。

高科技滲透於社會消費的各個方面，特別是生物技術、信息技術的廣泛應用，網絡經濟的快速發展，使人們的消費生活發生了重大改變：① ①電腦大規模進入家庭，網絡經濟迅速發展，改變了人們的生活方式和消費結構；②通信、廣播電視業的快速發展，大大豐富了人們的家庭生活，推動了消費生活的個人化、家庭化；③生物工程技術發展，提高了人們的食物消費質量和促進了消費的可持續發展；④高科技在許多消費品生產領域的廣泛利用，形成現代化的消費，推動了新的「消費革命」。科學技術的迅猛發展，生產力水平的極大提高，促使產業結構、產品結構的更新換代速度加快，各種新產品、新服務層出不窮，由此推動了消費內容和消費方式的不斷更新，消費體驗的不斷豐富。

3.3.3 國際性交流融合日趨加強

隨著現代交通和通信技術日益發達，鐵路、航空、水運、公路等立體交通網絡日漸完善，人們的時空概念發生轉變，地域間的空間距離迅速縮小，整個世界已經日益成為一個「地球村」。隨著世界經濟一體化和國際大市場的形成和發展，各國之間的貿易往來急遽增長，現代消費者面臨的已不僅僅是本國市場和本國產品，而是直接面對國際市場和異域產品，這喚起了人們的異域體驗熱情，也極大地拓展了體驗消費的選擇範圍。由於交通的便利、科技的發達、貿易的拓展等，人們的社會流動性日益增強，跨國界、跨地區的人員往來越來越頻繁。這為

---

① 尹向東．中國新消費時代的主要特徵和表現［J］．求索，2005（8）：13．

人們體驗其他國家和地區富有特色的自然景觀、人文景觀、民俗風情，以及豐富多彩的新奇產品和服務等，提供了日益廣闊的體驗空間和舞臺。

國際交流與融合大為增強，使得不同國家、不同民族的文化傳統、價值觀念、生活方式得以廣泛交流、融合，各種「合金」文化、消費意識、消費潮流不斷湧現，並以前所未有的速度在世界範圍內廣泛擴散、傳播。[①] 國際和地區間的相互影響日益增強，人們的視野更為開闊，思想觀念更為開放，加之收入水平不斷提高，經濟獨立性進一步增強，因而人們在消費方面的獨立意識更為強烈，消費個性化更為突出。國際性交流與融合的加強，物質和精神生活的豐富，使得人們的審美情趣和價值標準日趨多元化，人們的生活狀態和生活方式也日趨多樣化，消費體驗日趨豐富多彩。

3.3.4　閒暇時間增加

體驗消費是消費者親身參與和經歷的消費活動，而且消費者所注重的正是這種特殊的體驗過程。因而，閒暇時間的增加乃是體驗消費發展的前提條件之一。目前，中國已經實行每週五天工作制，加上 2007 年國務院新出拾的國家法定節假日：春節和國慶節各放假 3 天，元旦節、國際勞動節、清明節、端午節和中秋節各放假 1 天，全年法定假日為 115 天，人們在一年之中已經擁有近三分之一的閒暇時間。伴隨著家務勞動的社會化和家務勞動的機械化，中國居民的家務勞動時間大為縮短，閒暇時間相應增加。近年來，電話購物、電視購物、網絡購物、郵購等快捷便利的現代購物方式受到越來越多的消費者的青睞，到大商場、大賣場、大超市等集中批量購買日常生活用品，正

---

① 劉鳳軍，雷丙寅. 體驗經濟時代的消費需求及營銷戰略［J］. 中國工業經濟，2002（8）：83.

在成為大多數家庭的購買行為模式，這也使得人們的閒暇時間更加充裕。

馬克思指出，「節約勞動時間等於增加自由時間，即增加使個人得到充分發展的時間，而個人的充分發展又作為最大的生產力反作用於勞動生產力。」「在必要勞動時間之外，為整個社會和社會的每個成員創造大量可以自由支配的時間，即為個人發展充分的生產力，因而也為社會發展充分的生產力創造廣闊余地。」① 閒暇時間增加了，「可以自由支配的時間」增加了，人們才有可能去尋求新奇的體驗，體驗消費才能獲得更好更快的發展，從而有利於「個人得到充分發展」，「個人發展充分的生產力」，也有利於「社會發展充分的生產力」。

3.3.5 消費需要層次性上升

隨著收入水平的提高，消費者要求提高生活品質、獲取新奇體驗的願望日益強烈，消費需要開始實現層次性上升。一是尋求審美需要的滿足。在審美需要的驅動下，消費者不僅要求產品具有實用性，同時還要求具有較高的審美價值；不僅重視產品的內在質量，而且希望產品擁有完美的外觀設計，即實現實用性與審美價值的和諧統一。② 二是尋求情感需要的滿足。消費者要求產品蘊含濃厚的感情色彩，能夠外現個人的情緒狀態，成為人際交往中感情溝通的媒介和載體，起到傳遞和溝通感情、促進情感交流的作用；要求所購產品與自身的情緒體驗相吻合，以求得情感的平衡，獲得情感的補償、追求和寄托。三是尋求社會象徵性需要的滿足。隨著消費需要的層次性上升，拓展新的消費領域和生活空間，體驗新奇的消費對象，體驗新奇的生

---

① 馬克思恩格斯全集：第46卷上 [M]．北京：人民出版社，1979：225．
② 江林．消費者心理與行為 [M]．北京：中國人民大學出版社，2002：88-91．

活方式，尋求新奇的消費體驗日益成為消費者的心理渴望。

體驗拓展了人們的消費需要，促使其消費價值觀念昇華，消費境界進一步提升。消費者不僅僅需要具有基本功能和質量的產品或服務，而且還希望通過視、聽、嗅、味、觸等感覺器官直接感受豐富多樣的現實世界，以及在這一系列消費過程中所生發出來的超越肉體感官之外的關係、意義世界，以至對自己的生活、生命價值的重新認識和理解。[①] 體驗消費能使消費者在一定程度上深化人與自然、人與人、人與社會關係的領悟，容易使消費者身心和諧。許多人希望返璞歸真，逃離都市的喧囂，走向清靜、優美、開闊、潔淨的大自然，賦予自然以生命，使主體與客體在融合中同時得到昇華。追求淳樸、迴歸自然、享受自然的旅遊動機在全世界範圍內得到強化。[②] 現代消費者已經開始崇尚生態旅遊甚至深度生態旅遊。他們不僅僅要求親近大自然、迴歸大自然，而且強調人和自然萬物完全平等，人只是自然界的一個組成部分，而不是自然界的主人；強調人和生態環境要親密無間，在旅遊體驗過程中除了腳印什麼也不留下，除了照片什麼也不帶走，以促進生態環境的改善，促進人與自然的和諧。

3.4 體驗消費需要的主要滿足方式

3.4.1 體驗消費者的主要類型

雖然任何類型的消費對象都有可能成為體驗消費的對象，

---

① 權利霞．體驗消費與「享用」體驗［J］．當代經濟科學，2004（2）：78.
② 蘇北春．快樂哲學與休閒體驗：消費時代的旅遊審美文化［J］．東北師大學報：哲學社會科學版，2008（4）：139.

任何消費者都有可能成為體驗消費的消費者。但是不可否認，不同類型的消費者其體驗消費需要的強弱表現是不相同的，這不僅取決於其心理、情感、習慣、偏好等個性特徵，還取決於其經濟收入條件。那麼，哪些類型的消費者具有比較強烈的體驗消費需要，更有可能追逐新奇的消費體驗呢？

3.4.1.1 青年消費者

青年處於從少年到成年的過渡階段，生理機能逐漸成熟，「獨立感」和「成人感」逐漸增強。青年消費者典型的心理與行為特徵：一是追求個性，表現自我。他們喜歡擁有獨特風格的東西，在追求時尚的同時更看重品位的選擇，與眾不同是他們所喜歡的氣質。他們非常喜愛個性化的產品，並力求在消費活動中充分展示自我，確立自我價值和個性形象。[1]

二是注重情感，衝動性強。青年消費者的思想傾向、志趣愛好等還不完全穩定，情感變化劇烈，注重感官刺激。在消費過程中，青年消費者容易受商家營造的「感性、衝動化購買氛圍」乃至產品的款式、顏色、包裝、價格、功能等因素的影響，易產生衝動性購買慾望。

三是追求時尚，表現時代。青年消費者對未來世界充滿美好幻想，大膽追求新潮時尚浪漫的東西。他們希望最大限度地「解放一切束縛，奔放生命活力」，堅信「我趣故我在」的理念，奉行快樂至上的原則，「我探索，我創造，我徵服」的情感體驗，是對他們這個年齡段心理的最佳寫照。[2]

四是超前消費，追逐新潮。青年消費者思維活躍，興趣濃厚，富有青春與活力，有著強烈的求知、求新和探索的心理，注重參與性、娛樂性和文化性。他們是社會時尚經濟的主流消

---

[1] 康俊. 心理學視角：80后一代的消費心理與行為特徵研究 [J]. 現代營銷，2006（4）：18.

[2] 江林. 消費者心理與行為 [M]. 北京：中國人民大學出版社，2002：156.

費者，有獨立的思考方式，有自我化的價值觀，這些都導致了他們更加前衛、個性、新潮的消費行為方式。

上述特徵決定了，青年消費者敢於嘗試，樂於體驗，是體驗消費的積極踐行者。但另一方面，青年消費者又往往缺乏生活閱歷，感性重於理性，自我控製能力較弱，易於被誘導去從事一些高度危險的運動體驗、違背倫理道德的色情體驗、危害健康的毒品體驗等。因而，加強消費教育，引導青年消費者體驗消費健康發展是非常必要的。

3.4.1.2 現代都市女性

現代都市女性懂得如何享受生活、挖掘生活情趣、展示女性魅力。她們關注時尚潮流和時裝服飾流行趨勢，並在時尚潮流中凸顯自我個性、展示美麗優雅，獲得某種心理滿足和精神享受。從某種程度上講，女性購買產品，更多的是出於心理需求。她們注重所購商品所帶來的趣味性和附加值。她們通過購買和使用一種產品，來寄托自己的某種感情，展示自己的個性，獲得某種心理滿足和精神享受。[①] 她們不滿足於單一的生活消費，倡導多元化的生活方式，喜歡嘗試不同的生活，希望改變身分，經歷各種體驗。現代都市女性還很容易發生衝動消費，青年都市女性的情緒化傾向更為明顯，這主要受情緒、打折、促銷、廣告等多方面因素的影響。

現代都市女性中的單身女貴，具有更加強烈的體驗消費需要，更有可能成為體驗消費的主體。所謂單身女貴，是指城市單身職業女性，她們幾乎都受過高等教育，在專業領域表現出色，有著極高的生活品位等，她們有情趣、有期待，然而她們卻單身生活在城市中。「工作時，我可以是一個精幹雅致的職場小姐；而下了班，我就能成為時髦而充滿風情的海派女郎。因

---

① 裴國洪. 都市女性消費心理與行為 [J]. 社會心理科學，2006 (6)：69.

為我完全有能力來決定自己生活的方向，所以，我和我的許多背景相仿的朋友一樣，因為單身，所以生活更自主，也因為經濟寬裕，生活也就更有品位。」① 良好的教育給她們帶來了很好的工作機會，單身加上不菲的收入可以讓她們的生活更多姿多彩，也有更大的支配空間。她們喜歡消費品，也有條件來滿足自己，並敢於展示自己與眾不同的風格。她們有情趣、有期待，有豐厚的收入、高級消費品無形中成為城市經濟的一種新興力量，成為體驗消費的積極踐行者。

3.4.1.3 中等收入及其以上群體

從收入層次來看，中國居民主要包括最低收入群體、低收入群體、中低收入群體、中等收入群體、中高收入群體、高收入群體和最高收入群體七類不同收入群體。② 其中，最低收入群體生活極其困難，還未解決溫飽，面臨的是最基本的生存問題。低收入群體基本解決了溫飽，但沒有足夠的購買能力，仍以維持基本生活消費為主。中低收入群體在滿足日常消費之外略有結餘，屬溫飽型向小康型過渡的消費群體，由於對於未來的收支預期不樂觀，他們在消費方面相當謹慎。最低收入群體、低收入群體和中低收入群體能夠用於體驗消費的貨幣收入非常有限，體驗消費在他們消費支出結構中的比重很小。經濟條件決定了上述三類收入群體不可能成為體驗消費者的主體。但從發展趨勢來看，這三類收入群體特別是中低收入群體，其體驗消費具有相當大的發展空間，具有相當大的潛在市場。生產經營者應該針對這三類收入群體開發出價廉物美的體驗式產品和服務，設法滿足其體驗消費需要，培育和發展中低端體驗消費市場。

---

① 石可. 單身女貴都市消費的新勢力 [J]. 觀察，2006（4）：41－42.
② 耿黎輝. 中國不同收入群體的消費心理與行為研究 [J]. 商業研究，2004（22）：86－87.

中等收入群體大多為城市居民，少數為農村中比較富裕的居民，主要由政府公務員、國有企業職工、一般的科教文衛人員、個體經營者構成。他們正處於從小康型向富裕型、從講求消費數量向講求消費質量轉變的階段，是當前最具購買能力的群體之一。他們樂於接受新興的生活和消費方式，消費呈現出多樣化趨勢，被視為消費的中堅力量。中高收入群體主要包括私營企業主，國有企業和政府部門的中層管理者，他們大多數人對自身及家庭的未來狀況充滿信心，在許多方面的消費都與高收入群體相接近，非常注重名牌時裝的消費，也注重文化娛樂消費和子女的教育。高收入群體的生活需求已基本滿足，但對一些高檔產品、服務和精神文化的需求更加強烈，追求時尚化與個性化的消費日趨明顯。最高收入群體的基本生活需求已完全得到滿足，追求更高層次的精品化、個性化消費，其中的商界名人、影視明星等，常常在服飾、用品、生活方式等方面領導著時代的潮流。從中等收入群體、中高收入群體到高收入群體、最高收入群體，能夠用於體驗消費的「閒余」貨幣收入越來越多，這為他們提高體驗消費在消費支出結構中的比重奠定了經濟基礎。這表明，中等收入及其以上收入群體最有可能成為體驗消費者的主體。

3.4.2 滿足體驗消費需要的主要方式

滿足新奇刺激的體驗消費需要，主要方式無非兩種，一是體驗和感受新奇獨特、別具一格的消費對象，二是走出日常的工作和生活圈子，走出日常的工作和生活地域，走出日常工作和生活中所扮演的角色，置身於陌生的消費環境之中，以獲得新奇的體驗。

3.4.2.1 全新消費對象體驗

隨著市場經濟、商貿物流的繁榮發展，大商場、大超市、

名牌專賣店等不斷湧現，新產品、新服務層出不窮，消費對象品類繁多、特色鮮明、異彩紛呈。從這個意義上說，體驗消費的發展空間是非常廣闊的。不僅如此，吃、穿、住、用、行中任一類型的消費對象，同樣是品類繁多、特色鮮明、異彩紛呈，可以帶給人們無盡新奇的體驗。試以茶葉類體驗消費為例。①

一是茶葉不同，體驗不同。諸如鐵觀音、碧螺春、白牡丹、竹葉青、西湖龍井、武夷岩茶、雲南普洱茶、廣西六堡茶等不同類型的名茶，色、香、味、形各具特色，帶給人們的體驗各異。例如，西湖龍井茶色澤翠綠略黃，外形扁平稍尖，光滑挺秀，勻稱挺直，形如雀舌。而鐵觀音則外形卷曲，肥壯圓結，沉重勻整，衝泡后湯色金黃，濃豔清澈似琥珀，滋味醇厚甘鮮，回味悠長，香鬱而濃，有天然馥鬱的蘭花香。

二是茶道茶藝不同，體驗不同。例如，英式下午茶，展現的是一種紳士、淑女風範的禮儀，一種優雅自在的英國紅茶文化。參加正統英式下午茶，男士要穿燕尾服，女士則穿長袍，女主人穿正式服裝親自為客人服務。精美的瓷器、配套的器具、優雅的擺設、上等的茶品、精致的點心、悠揚的古典音樂、輕松自在的心情等營造出一種全然的維多利亞式氣氛。

三是茶食不同，體驗不同。例如，茶零食有茶月餅、茶瓜子、茶梅、茶糖、茶葉果凍、綠茶蜜酥、綠茶蒸糕等；茶葉粥飯有茶粥、茶面、茶葉饅頭、茶葉米飯、茶香水餃等；茶葉菜肴有綠茶豆腐、龍井大排、茶香牛肉、茶葉雞蛋、碧螺蝦仁、茶香雞、樟茶鴨等；茶葉飲品有茶啤酒、茶汽水、茶葉酸奶、茶葉冰激凌，等等。品種繁多，滋味殊異，給人以美妙的體驗。

四是茶俗不同，體驗不同。例如，蒙古族的奶茶、維吾爾族的香茶、土家族的擂茶、侗族的豆茶、藏族的酥油茶、回族

---

① 愛夢. 品茶大全［M］. 哈爾濱：哈爾濱出版社，2007.

的罐罐茶、哈尼族的土鍋茶、怒族的鹽巴茶、苗族的百抖茶、傣族的竹筒香茶、佤族的鐵板燒茶、徽州人的「吃三茶」、湖州人的「吃講茶」等，體驗各不相同。

3.4.2.2 全新消費環境體驗

當人們通過時間轉換法、空間轉換法、角色扮演法、走出家門法等，置身於陌生新奇、富有特色的消費環境之中時，自然可以獲得新奇獨特的消費體驗。

（1）時間轉換法

消費者從當前所熟悉的時間環境臨時轉換為過去難忘的時間環境之中，可以獲得全新的體驗。以飲食懷舊型體驗消費為例，隨著收入水平和生活水平的提高，不少都市人已經吃膩了雞鴨魚肉和時令菜肴，另一方面，他們對於「憶苦思甜」時代的粗茶淡飯、野菜雜糧之類卻頗感新鮮。因而，紅薯、小米、玉米、高粱等粗雜糧，還有馬蘭頭、曲曲菜等，不僅頻繁出現於城市人的菜籃子裡，而且還堂而皇之地登上了賓館、飯店的餐桌，頗受消費者的青睞。與此同時，知青飯店、老插酒家等帶有「懷舊」情調的餐館也生意紅火。這些餐館通過運用時間轉換法，在某種程度上還原過去時代的消費情境，以滿足當年「上山下鄉」的人們回憶過去、留戀往日情懷的體驗心理需要。

案例3-3：「大鍋飯」餐廳

據報導，廣州三育路一家新開的餐廳店名就叫「大鍋飯」，服務員一律身穿軍綠色制服、佩戴「紅衛兵」袖章。裝修更有特色，餐館門口擺著兩個1.5米高的紅衛兵彩色雕像，紅衛兵手拿一本毛主席語錄。門口對聯上寫著：「翻身不忘共產黨，幸福不忘毛主席」，橫批是「廣闊天地煉紅心」。餐廳正中央是半米高的毛主席雕塑，旁邊的牆上掛著孫中山、毛主席、鄧小平等革命領導人的畫像。天花板上刻著一顆巨大的五角星，牆壁周圍掛滿20世紀五六十年代的宣傳畫，貼滿20世紀五六十年代

的標語：「務農光榮」、「社會主義江山永葆青春」、「祝革命同志們萬壽無疆」等。門口紅磚砌成的「竈臺」上方，掛著一塊黑板，上面寫著「人是鐵，飯是鋼」。該餐廳主要提供湘菜，設有大小不等的七八個廳，牆上掛著「文革」時期的各種宣傳畫，櫥窗上擺著紅衛兵雕塑、煤油燈、鬥笠等富有特色的擺設，像一個小型展覽館。來這裡吃飯的顧客以中老年人居多，他們來這裡吃飯，很容易想起以前上山下鄉的日子，特別有感觸。

資料摘自：劉榮、林燕德《廣州一飯店有「文革」特色，服務員穿軍綠制服》，《南方都市報》2006年9月15日。

(2) 空間轉換法

消費者從自己長期工作或生活的熟悉的空間環境臨時轉換為某個全新的空間環境之中，可以獲得全新的體驗。例如，城裡人到鄉村去生活，就是典型的空間轉換法體驗消費。對於生活在城裡的人們來說，城市雖然交通、通信、購物、休閒、健身、娛樂等設施健全，生活相當方便；但是另一方面，城市人員嘈雜，交通擁擠，空氣污染；同時，人際關係緊張，工作壓力大，水泥森林、高樓峽谷對人們形成了一種壓迫感，這種壓迫感幾乎時刻存在著。正因為如此，越來越多的城裡人渴望著從城市裡「逃逸」出來，尋找一個環境寬鬆、風景優美、遠離城市喧囂的地方釋放自己，舒緩壓力，而鄉村正是一個融田園風光、綠色生態、農耕體驗於一身的好去處。在那裡，人們不僅可以觀賞鄉村山清水秀的自然風光、呼吸清新富氧的空氣、品嘗新鮮無污染的綠色飲食、感受豐富多彩的鄉土文化，還可以親身體驗「吃農家飯、居農家屋、做農家活、看農家景、娛農家樂」等。這種悠然自得的農業勞動和田園生活體驗，對城市居民來說是別具情趣的，具有非常大的吸引力和體驗價值。

體驗消費的魅力在於：給消費者展現一種以前未曾領略或很少領略的新異的消費生活，給消費者打造一個體驗和感受這

種新異的消費生活的平臺。例如，生存體驗之中的亞馬遜生存體驗、南極極限體驗，民族風情體驗中的回鄉風情體驗、壯家樂體驗，生活體驗之中的澳大利亞農莊生活體驗、上海都市生活體驗，自然體驗之中的野外露營、攀岩、速降、沙漠體驗、海上體驗、草原體驗等，都可以歸結為空間轉換型體驗消費。其共同點在於，使消費者暫時脫離日常的熟悉的空間環境，置身於一個陌生而新鮮的空間環境之中，以獲得新奇的體驗。

案例3-4：錦江區盛開的「五朵金花」

成都市錦江區「五朵金花」就是錦江區三聖鄉的五個村。這五個村以花卉產業為載體發展鄉村旅遊，形成了不同的五大特色，被譽為成都市農家樂的五朵金花。

「幸福梅林」位於三聖鄉幸福村，園內遍種梅花，以「梅文化」為主題建起「歲寒三友」、「梅花三弄」等精品梅園景觀及別具特色的「梅花博物館」。「幸福梅林」充分利用幸福村的傳統梅花種植優勢，將梅花種植與「梅文化」有機結合起來，是人們觀賞梅花盆景、陶冶品格情操的鄉村休閒之所在。

花鄉農居位於三聖鄉紅砂村，這裡四季百花爭豔，鳥語花香，因此得名花鄉農居。數十幢老成都民居特色的農舍，錯落有致點綴其間，與萬畝花卉相得益彰，座座川西民居風格院落盡顯古樸和清麗，構成一幅人與自然和諧相融的絢麗畫卷。院內，「一戶一景，一戶一色」，各不相同。有原汁原味的農家風格，也有苗圃環抱的川西四合院。

江家菜地位於三聖鄉江家堰村，環境寧靜，鄉村景色樸實優雅，農耕文化頗為深厚。在這裡，你既可以自主選擇田地進行認種，體驗農耕樂趣，享受收穫喜悅，體驗農事勞作這種特別的、全新的休閒方式。利用週末假日，全家出動，到自己的菜地裡鋤鋤草，施施肥。中午，可以就地取材，品嘗自己的綠色食品。晚上回家，還可以帶上一點（些）新鮮蔬菜。

「採菊東籬下，悠然見南山」。「東籬菊園」位於三聖鄉駙馬村，擁有絢麗菊花美景和豐富的菊文化。滿目金菊的田野中，點綴著一幢幢紅瓦粉牆、鄉村別墅風格的農房。在這裡，你也可以品嘗到獨特的、美味可口的菊蟹美食。

荷塘月色位於三聖鄉萬福村，以生態荷塘景觀為載體，以繪畫、音樂等藝術形態為主題，將濕地生態、荷花文化與藝術形式和諧統一在一起，景色獨特優美，藝術氣息濃鬱，是一個觀光休閒、體驗藝術魅力的理想之地。

錦江區盛開的「五朵金花」，以其景色宜人的川西民居、堰塘美景、果園花圃、林木蔥蘢、竹樹掩映、幽雅農居及幾十幢鄉村別墅等，深深地吸引著遊人；還用斑爛典雅的「吟梅詩廊」「梅花博物館」「梅花知識長廊」「精品梅園」「川西農業文化記憶館」「文化科技種花示範苑」及「花重錦官城」歌舞等，讓遊客流連忘返；更用梅花飲料、梅花酒、梅花糕點、梅花宴及鄉村小菜等，讓遊人們渾身含香。

在這裡，人們自由地徜徉花海，享受著田園樂趣，返璞歸真，回到大自然懷抱。每天驅車來此觀賞「五朵金花」，休閒、度假、畫畫、賞花，以及來學種花、種菜、育秧、育苗的遊客很多，節假日更是車水馬龍。這兒就像是「永不落幕的花博會」「永不謝客的花之居」。

資料摘自：孫山后《錦江區盛開的「五朵金花」》，
http：//www. dreams‐travel. com/bbs/youji/yjview. asp？id＝1650

(3) 角色扮演法

消費者從自己日常工作和生活中所扮演的角色中臨時解脫出來，扮演某個全新的社會角色，置身於該社會角色所處的新環境，往往可以獲得激動人心的體驗和感受。例如，當一回農民，當一回漁民，當一回牧民，當一回解放軍，當一回警察等。由馮小剛編劇、導演的賀歲片《甲方乙方》，講述了「好夢一日

遊」的若干新體驗：平庸的書攤老板當了一天神氣的巴頓將軍，嘴巴不嚴的廚子體驗了一番被捕、受刑、英勇就義、「打死我也不說的」的滋味，過膩了錦衣玉食生活的款爺通過「受苦夢」體驗了一番饑腸轆轆的滋味，屢遭失戀的年輕人通過「愛情夢」恢復了自信，大男子主義者通過「受氣夢」得到了教育。該電影雖然帶有藝術加工和調侃戲謔的成分，但是卻反應了人們一個普遍的心態，具有一定的生活真實性和藝術真實性。這種心態就是：希望暫時擺脫自己日常工作和生活中的常態，擺脫日常工作和生活中的壓力、煩惱和不如意之事，尋求安寧，找回自我；希望暫時擺脫自己在日常工作和生活中所扮演的角色，體驗一下其他社會環境中的其他社會角色的新滋味和新感覺，豐富生活閱歷。在現實生活中，生產經營者不斷進行商業創新，為人們的角色扮演型體驗消費提供了越來越多的可選擇機會。同時，電腦網絡遊戲的快速發展和普及，為人們進行虛擬的角色扮演型體驗消費打造了嶄新的平臺。

案例 3-5：變形記

《變形計》是湖南衛視重點推出的一檔生活類角色互換節目，號稱「新生態紀錄片」。這檔節目結合當下社會熱點，尋找熱點中的當局人物，安排他們在 7 天當中互換角色，互換環境，體驗對方的生活。《變形計》第一季《網癮少年》很是讓人震撼。

魏程，湖南長沙城裡一個家庭條件非常好的孩子。爸爸是國稅局公務員，媽媽是個體老板，開寶馬車，住復式樓房。然而魏程卻厭倦了富足的生活環境，墮落到整天沉迷於網絡遊戲，不願回家，不願讀書，不愛溝通，性格偏激，逆反心理非常強烈。

高占喜，青海民合縣朵卜村裡的一個貧困少年，啃著硬饃饃喝著涼水長大。父親是盲人，哥哥打工賺錢是家中唯一的經

濟來源。高占喜沒坐過汽車，沒吃過巧克力，沒看到過高樓大廈。他非常懂事，努力干活，刻苦學習，但是家裡太窮，面臨著輟學的窘境。窮孩子高占喜第一次坐上飛機飛往長沙，腳上穿著媽媽連夜縫的布鞋，一雙眼睛充滿了惶惑與淚水。看到這個情景，不少觀眾的心靈顫抖了，眼淚忍不住流了下來。

兩個對比如此鮮明的孩子，他們互換角色、在完全陌生的對方環境裡生活7天，這顯然就是典型的體驗。對於來自偏僻山區的高占喜來說，現在來到繁華的城市，看著商店裡琳琅滿目的商品，馬路上川流不息的車輛，熙熙攘攘的人群，一方面感覺新奇得很，另一方面又感覺怯生生的。新「爸爸、媽媽」給買的衣服，很漂亮，新「爸爸、媽媽」給點的飯菜，很可口，新「爸爸、媽媽」的住宅和汽車，很豪華，一切的一切，宛如在夢中。以前對於這些東西，可能見所未見，聞所未聞，而今天，不僅看著了，而且吃著、穿著、住著、玩著，體驗能不深刻？！

對於來自繁華城市的魏程來說，平時在吃的方面挑三揀四，在穿的方面非名牌不要，在玩的方面喜新厭舊，從小被爸爸媽媽嬌寵慣了的小皇帝，經常沉溺於網吧，在網絡游戲的虛擬空間裡盡情玩耍，仍然覺得不過癮，仍然覺得生活無聊和乏味。現在來到偏僻山區的農家，看著眼前這艱苦而陌生的環境，能不深受觸動嗎？！農村的自然風光可能很美，農家的飲食起居也可能很新鮮，耕田、收麥子、喂豬食、吃窩窩頭、喝白開水、走路上學，所有這些，都是以前未曾嘗試過的，也是以前難以想像的。

在這7天的「變形」之中，他們將會發生怎樣的改變，他們的心理將會受到怎樣的影響呢？或許，原本生活在貧困農家的孩子會更加奮發努力，力圖改變命運，追逐夢想。或許，原本生活在城市富裕家庭的孩子會幡然醒悟，從此珍愛生活、奮

發進取。電視機前的人們或多或少會受到心靈的觸動：如果有可能，是不是應該多出點力幫幫那些大山裡想讀書的孩子重返校園，讓他們有機會能改變自己的命運呢？

資料來源：筆者整理

(4) 走出家門法

以消費地點為依據，人們的消費活動可以劃分為三類：一是在家庭範圍之內所進行的消費活動，可以稱之為家庭消費；二是在家庭居住地所進行的消費活動，可以稱之為居住地消費；三是在家庭居住地之外的其他地方所進行的消費活動，可以稱之為旅遊消費。在這三類消費之中，人們都能接觸到具有陌生感、新鮮感和新奇感的體驗消費對象，獲得新奇刺激的消費體驗。

就家庭消費來說，主要是兩大類型，一類是有形的產品消費，一類是無形的勞務消費，兩者都有可能獲得新奇的體驗。例如，將新款的數碼相機、彩電空調、高級音響、衣服鞋帽等購買回家並消費之，將以前未曾品嘗過的瓜果、蔬菜、肉產品、水產品、副食品等購買回家並消費之，或者運用一種新的烹飪方法做出更加美味可口的飯菜並消費之，等等。但是在大多數情況下，家庭消費不論是產品消費還是勞務消費，人們都非常熟悉和瞭解，司空見慣、習以為常，缺乏陌生感、新鮮感和新奇感，獲得新奇體驗的機會不多。

就居住地消費來說，主要也是兩大類型，一類是有形的產品消費，一類是無形的服務消費。繁榮發展的市場經濟就像一雙「魔手」，可以將國內外新奇獨特、別具一格的體驗式產品和服務源源不斷地「搬到」消費者所居住的地區或城市，這為消費者獲取豐富多彩的新奇體驗提供了條件。在居住地消費中，人們對於體驗式產品和服務的選擇範圍相當廣泛，比較容易獲得新奇的消費體驗。不僅如此，居住地消費一般是在商家刻意

營造的情境氛圍中進行的，人們還可以借此獲得新奇獨特的體驗場體驗，而這是家庭消費難以實現的。家庭居住地的經濟越發達，城市化水平越高，消費者獲取新奇體驗的舞臺空間便越廣闊，消費體驗便越豐富。

就旅遊消費來說，消費者旅遊動機的產生，主要是為了暫時擺脫日常生活中功利極強的煩事，輕鬆、放鬆甚至放縱一下自己疲憊的身心，以達到一種補償。他們所追求的是「出世」的快樂，擁有的是「虛靜」的心態。① 在旅遊之中，消費者可以盡情地領略高山、峽谷、森林、火山、江河、湖泊、海灘、溫泉、野生動植物等優美的自然風光，可以親身感受包括古人類遺址、帝都宮苑、園林建築、寶刹古寺、石窟碑碣、壁畫題楹、名人故居、革命文物等在內的歷史古跡和文化勝跡，還可以親身體驗不同地區、不同民族的民俗風情和歷史文化，如獨具特色的服飾裝飾、民風習俗、喜慶節日，以及工藝美術品、地方土特產、美味佳肴等，獲得新奇獨特的體驗。

在旅遊之中，消費者可以暫時遠離自己所熟悉的、習慣的、平淡的、甚至是厭倦的工作或生活環境，暫時擺脫日常工作或生活中扮演的角色和身分，擺脫各種社會關係的束縛和羈絆，在一個全新的地域環境中，親身去體驗和感受一些自己在平時沒有看過、沒有聽過、沒有嘗過的東西，親身去體驗一下別樣的生活和異地的風情，感受一下大千世界的異彩紛呈，滿足強烈的好奇心。事實上，消費者外出旅遊的主要動機之一，就是由於旅遊目的地與家庭居住地具有區域間的差異化特徵。

旅遊的世界對於消費者來說就是一個新異的世界，如果有陽光，那也是明媚的；如果有陰雨，那也是多情的；如果有雷電，那也是驚世駭俗的；如果有寒冷，那也是清新凜冽的。消

---

① 蘇北春. 快樂哲學與休閒體驗：消費時代的旅遊審美文化 [J]. 東北師大學報：哲學社會科學版，2008（4）：137.

費者是衝著那些異樣的山川、湖海、花草、林木、村落、人家、曠野、平疇、阡陌、炊菸……而來的。① 優美的自然景觀，古老的文物古跡，豪華壯觀的現代建築，中國的茶館、西藏的雕房、南方的小閣樓、山區的背簍、少數民族的服飾、歌舞、民俗等都會使他們感到好奇，旅遊景點的人物傳奇、神話故事以及古今中外的詩文、牌碣、楹聯、匾額等都會讓他們感到新奇，甚至是敲鑼打鼓的表演、送親的鞭炮聲、街道兩旁的叫賣聲等都會使他們產生一種強烈的好奇、渴望的心理。② 對於自己在旅遊地所接觸到的幾乎所有的消費對象，包括自然景觀、人文景觀、民俗風情等，消費者都會感覺新奇獨特，別具一格，充滿了陌生感、新鮮感、新奇感和神祕感，旅遊過程中吃、住、行、遊、購、娛等六大要素，幾乎每一項都能使消費者獲得到新奇的消費體驗。

　　旅遊的過程就是新奇體驗的過程，旅遊消費本質上是一種典型的體驗消費，是空間轉換法體驗消費的特例。旅遊目的地越是富有文化底蘊，富有地方特色，越是能夠吸引消費者，使其產生新奇的體驗。特色主要表現在兩個方面，一是優美的自然景觀資源，二是悠久的社會文化資源。自然景觀給人以視覺衝擊和美的享受，人文景觀給人以精神撫慰和震撼。文化是旅遊之魂，是民族之根。千篇一律的靜態觀光旅遊，難以滿足人們精神層面的體驗需求。要挖掘文化內涵，突出文化特色，以自然之旅為基礎，以文化之旅為內涵，以人性之旅為歸依，只有這樣才能特色鮮明、獨樹一幟，給人以獨到的體驗。

　　例如，四川省原始純樸的自然環境、古老神祕的巴蜀文化、各具特色的民族風情，符合體驗旅遊求新、求異、求知、求樂

---

　　① 謝彥君. 旅遊體驗研究——一種現象學視角的探討 [D]. 大連：東北財經大學博士學位論文, 2005：108.
　　② 賈靜. 旅遊心理學 [M]. 鄭州：鄭州大學出版社, 2002：210-211.

的需求趨勢，具有很強吸引力。阿壩州的旅遊資源非常豐富，既有九寨溝、黃龍兩大世界自然遺產及臥龍大熊貓保護區等風光綺旎、聞名於世的自然景觀，又有以紅軍長徵紀念碑為重點的長徵文化，卓克基土司官寨、格薩爾王營盤為重點的藏文化，桃坪羌寨為重點的羌文化，松州古城為重點的「藏漢和親」文化等。山水為形、文化為魂。阿壩州以森林、草原為主的綠色旅遊產品，以「天下第一水」為核心的藍色旅遊產品，以冰川雪原為重點的白色旅遊產品，以長徵為特徵的紅色旅遊產品等，使人們的阿壩之旅切切實實地成為了自然之旅、文化之旅和人性之旅，體驗非常豐富。

又例如，中國北方的黑龍江、吉林、遼寧以及南方的四川等地區的冰雪資源非常獨特，黑龍江國際滑雪節、哈爾濱冰燈博覽會、長白山冰雪旅遊節、吉林霧淞冰雪旅遊節、瀋陽冰雪節、「攀西陽光之旅」等，深深吸引了各地的旅遊愛好者。冬季旅遊正在成為新的時尚體驗。四川省內的西嶺雪山是世界上離特大城市最近的雪山，都江堰的虹口是國內離特大城市最近的原始河流，攀枝花的漂流資源位居世界第二，這些優越的地理環境和壯闊的自然景觀，吸引人們開展登山、探險、漂流、攀岩、自駕車、徒步穿越、野外探險等旅遊活動，獲得了無窮的體驗樂趣。

總之，消費者雖然在家庭居住地就能實現體驗消費的夢想，但是，畢竟還有相當一部分新奇獨特、別具一格的產品和服務是在家庭居住地購買不到的。這一體驗缺憾只有通過跨國界、跨地區的旅遊消費才能得以彌補。更為重要的是，還有一些非常重要的、富有特色的體驗消費對象是不可能發生位移的，市場經濟的「魔手」永遠不可能把國內外優美的自然風光、悠久的名勝古跡、某些獨特的民俗風情等「搬到」消費者的家庭居住地。這一體驗缺憾唯有通過跨國界、跨地區的旅遊消費才能

得以彌補。

　　雖然在家庭消費、居住地消費和旅遊消費之中，消費者都有可能獲得新奇刺激的消費體驗；但是，家庭消費基本上是日常性的常規消費，體驗消費所占的比重相當低，居住地消費中體驗消費所占的比重大為提高，旅遊消費基本上是新奇的體驗消費，體驗消費所占的比重最高。這就是說，在家庭範圍之內難以實現體驗消費的夢想，走出家門則體驗消費的空間無限廣闊。離家庭居住地的空間距離越遙遠，則消費對象越有可能不為消費者所熟悉和瞭解，消費的陌生感、新鮮感和新奇感越強烈，消費體驗越豐富。

案例 3-6：荷蘭印象 風車與鮮花

　　大海在那邊，田野在這邊，高大的風車豎立地平線上，翼板在蔚藍色的天空下不停轉動。來到如詩如畫的荷蘭，感覺荷蘭這個國家就像風車一樣，生活的精彩就在這轉動的生命力量中。

　　風車和運河，並稱為荷蘭最具特色的風光，一直為遊人爭相觀看。全盛時期，僅在首都阿姆斯特丹的周圍就有 140 多座風車。來到阿姆斯特丹，面對縱橫交錯、左右逢源似的運河，使人感到這個城市充滿水的感情。有人說，阿姆斯特丹是歐洲北方的威尼斯。威尼斯的運河出自天然，是純真的，樸素的，不規則的，自然奔放的，而阿姆斯特丹的運河，完全是人為的，是荷蘭人民世世代代用汗水辛勤地挖掘出來的。阿姆斯特丹瀕臨巨大的艾瑟爾湖，一條北荷蘭運河由北向南穿城而過，一條阿姆斯特爾天然河在城中逶迤而行，再加上王子運河和紳士運河，阿姆斯特丹是完完全全的「水中城」。阿姆斯特丹獨有的遊船除了船底不透明外，其余三面都是玻璃的，搭乘這樣的遊船完全沒有視覺障礙，一路上，河水潺潺，古色古香的建築物在眼前掠過。

阿姆斯特丹，荷蘭藝術之城，風光之城，在城郊廣袤的田野上，牛兒低頭吃草，悠閒散步；或近或遠，形態各異的各種風車緩緩地迎風轉動，最搶眼的是那一大片一大片的向日葵，在柔和的陽光照耀下格外奪目。整個市區，河網交錯，橋樑縱橫，90多個島嶼和600多座橋樑組成了這個城市。或許，這就是繪畫大師梵高的藝術溫床。

　　荷蘭人不但愛花，而且還愛種花，因此有「鮮花王國」的美稱。荷蘭人用花來美化居室，家家戶戶，掛在窗臺上擺在陽臺中的都是鮮花。屋前屋后，只要有一點空地都要種上花。在市郊外，更是無處不栽花。荷蘭人說：「住房如果沒有一個花園，根本不算是一個家。」可見，鮮花在荷蘭人的心目中是何等重要。人們對於鮮花，尤其是對鬱金香的狂熱，勝於對珠寶的喜愛。

　　在荷蘭的春天，除了鬱金香外，還有水仙、藏紅花、風信子等球根植物鮮豔地鋪滿大地，十分賞心悅目。占地28公頃的庫肯霍夫公園，600多株球根植物為遊客獻上花卉盛宴。一年四季，荷蘭各地都會舉辦花車遊行，屆時，匠心獨具的花車紛紛出籠，這是象徵著豐收的盛典。從北海沿岸的諾得惠克開始行進到宮殿的春季花車遊行，似乎為春天已降臨人間做了最令人讚嘆的宣告。首都阿姆斯特丹的秋季花車遊行非常熱鬧，作為遠道而來的遊客，一定不能錯過這花車的盛會，這是接近這個國家的第一步。第一次去荷蘭的遊客，被問起對荷蘭的印象，會連笑容也帶上幾分曖昧，很漂亮。

　　風車是組成荷蘭印象當中一個重要的因素。荷蘭風車有700多年的歷史，目前保存完好的已經不多了，其中相當一部分集中在肯德代克一帶。在那裡，牛群在草地上散步，屋頂的蒸囪上冒出裊裊炊煙，遠處的藍天下飄過朵朵白雲，不知名的野花在河邊兀自開放，而古老的風車便矗立在寂靜的小河邊……塔

式的風車房與蘆葦蓋頂的小屋是荷蘭極具特色的民居，隨著時光的流逝，有的裝修為屋宅，有的改建成博物館，如今它們已經變成荷蘭的一種標誌，成為遊客眼中極其珍貴的景觀。

荷蘭有「歐洲后花園」的美譽，其潮濕的沙質土，最適合地下莖類鮮花生長。玫瑰、菊花、水仙、風信子等花卉路邊隨處可見，鬱金香更被奉為國花。每到鬱金香怒放的季節，300多種鬱金香，有各種任性奇怪的名字，觸目所及，到處是鮮花。如此美麗的國度，實在叫人不忍離去。

資料來源：龔曉烈《荷蘭印象 風車與鮮花》，
news. sina. com. cn/o/2006－06－02/09019098545s. shtml

4
體驗消費對象分析

體驗消費對象到底是什麼，包括哪些主要類型，具有哪些基本特徵，其生產提供的原則是什麼？這是本章需要重點研究的問題。

4.1 體驗消費對象辨析

體驗消費的對象是什麼？要搞清楚這個問題，首先有必要對體驗的經濟提供物說進行辨析，因為體驗的經濟提供物說直接關係到我們對體驗消費對象的正確認識。

4.1.1 體驗的經濟提供物說及其主要內容

學者們關於體驗的主流學術觀點是：體驗是一種由企業創造和提供的客觀經濟提供物，其中，美國學者派恩和吉爾摩的觀點最具代表性。筆者將這種觀點稱之為體驗的經濟提供物說。

派恩和吉爾摩在 1998 年發表的《體驗經濟時代到來》一文中提出，體驗是指企業以服務為舞臺，以產品為道具，以消費者為中心，創造能夠使消費者參與、值得消費者回憶的活動。[1] 該觀點后被學者們普遍接受和廣泛引用。在 1999 年出版的《體驗經濟》一書中，派恩和吉爾摩明確地將體驗視為一種客觀的經濟提供物，並從經濟形態、經濟功能、提供物性質、關鍵屬性、需求要素、供給方法、買方和賣方八個方面，將產品、商品、服務、體驗、轉型五種經濟提供物以表格的形式進行了詳細地區分和比較[2]。派恩和吉爾摩指出，「企業——我們稱之為

---

[1] 姜奇平. 體驗經濟 [M]. 北京：社會科學文獻出版社，2002：350.
[2] 派恩二世（Joseph PineII , B.），吉爾摩（Gilmore, J. H.）. 體驗經濟 [M]. 夏業良，譯. 北京：機械工業出版社，2002：176.

一個體驗策劃者——不再僅僅提供商品或服務，而是提供最終的體驗，充滿了感性的力量，給顧客留下難忘的愉悅記憶。」①不僅如此，派恩和吉爾摩還認為，「如果你沒有明確地要求顧客為體驗付費時，你就不是在真正地出售特殊經濟提供物。對於體驗的各種活動，顧客是要付費的……如果你不為此而收費的話，那你的活動項目就不是一種經濟提供物。」②

　　派恩和吉爾摩的學術觀點影響廣泛，成為學者們研究體驗經濟、體驗營銷甚至體驗消費問題的主流觀點。例如，美國學者伯恩德·H. 施密特（Schmitt, B. H.）認為，管理者「需要關注更為重要的戰略性問題，如打算提供什麼類型的體驗及如何提供這些體驗並讓它們具有恆久而又新鮮的吸引力。」③「理想的營銷人員應該站在戰略的角度努力創造出一種同時包括感官、情感、思考、行動和關聯等特點在內的整合體驗，這是最理想的。」④ 美國學者布裡頓（Terry A. Britton）強調要尊重顧客個性，針對每個消費者提供一對一的服務，為客戶提供個性化服務和定制服務，提供個性化的體驗⑤。不僅如此，很多國內學者如姜奇平等人也支持和宣揚體驗的經濟提供物說，認為體驗是一種由企業創造和提供的客觀經濟提供物，並以此作為他們研究立論的基礎。

　　概而言之，體驗的經濟提供物說主要包括以下要點：

---

　　① 派恩二世（Joseph PineII, B.），吉爾摩（Gilmore, J. H.）. 體驗經濟 [M]. 夏業良，譯. 北京：機械工業出版社，2002：18.
　　② 派恩二世（Joseph PineII, B.），吉爾摩（Gilmore, J. H.），體驗經濟 [M]. 夏業良，譯. 北京：機械工業出版社，2002：65.
　　③ 施密特（Schmitt, B. H.），劉銀娜. 體驗營銷——如何增強公司及品牌的親和力 [M]. 北京：清華大學出版社，2004：57.
　　④ 施密特（Schmitt, B. H.），劉銀娜. 體驗營銷——如何增強公司及品牌的親和力 [M]. 北京：清華大學出版社，2004：65.
　　⑤ 布里頓，王成. 體驗——從平凡到卓越的產品策略 [M]. 北京：中信出版社，2003：30-32.

（1）體驗和產品、商品、服務一樣，也是一種客觀的經濟提供物；

（2）體驗與產品、商品和服務有區別，是一種新型的、不同的經濟提供物；

（3）企業可以像提供產品、商品和服務那樣提供體驗；

（4）企業與消費者之間構成體驗的供求關係，企業因提供體驗而收費，消費者因得到體驗而付費。

根據體驗的經濟提供物說，人們很容易得出這樣的結論：在體驗消費這種特殊的消費方式之中，其消費對象是由企業創造和提供的客觀經濟提供物——體驗。筆者認為，體驗的經濟提供物說值得商榷。[①] 問題的關鍵在於，體驗到底是客觀的經濟提供物還是主觀的心理感受和情感反應，體驗到底是由企業創造和提供的還是消費者因體驗消費過程而在頭腦意識中產生和獲得的，體驗的主體到底是企業還是消費者？體驗的經濟提供物說的回答是前者，而我們的回答是後者。

其實，派恩和吉爾摩等學者在研究過程之中，已經肯定了體驗是人的一種主觀心理感覺和反應，具有主觀性。例如，派恩和吉爾摩認為，體驗事實上是當一個人達到情緒、體力、智力甚至是精神的某一特定水平時，他意識中所產生的美好感覺[②]。伯恩德·H. 施密特認為，體驗是個體對一些刺激（例如售前和售后的一些營銷努力）作出的反應[③]。布里頓認為，從經營的角度來講，顧客體驗是一個或者一系列的顧客與產品、公

[①] 張恩碧. 試論體驗消費的內涵和對象 [J]. 消費經濟, 2006 (6): 84-85.
[②] 派恩二世（Joseph PineII, B.），吉爾摩（Gilmore, J. H.）. 體驗經濟 [M]. 夏業良, 譯. 北京: 機械工業出版社, 2002: 18-19.
[③] 施密特（Schmitt, B. H.），劉銀娜. 體驗營銷——如何增強公司及品牌的親和力 [M]. 北京: 清華大學出版社, 2004: 56.

司、公司相關代表之間的互動，這些互動會造就一種反應①。這就是說，派恩和吉爾摩等學者一方面認為體驗是企業創造和提供的客觀經濟提供物，另一方面又認為體驗是人們頭腦意識中產生的主觀心理感覺和反應。很顯然，這兩種觀點是不一致的，甚至是相互矛盾的。體驗既然是一種主觀心理感覺和反應，是人們頭腦意識中產生的，那麼，體驗就不可能同時又是一種客觀經濟提供物，並且是由企業創造和提供的。

4.1.2 體驗消費的對象是體驗品而不是體驗

筆者認為，作為動詞概念的體驗，本質上是消費者從事體驗消費實踐，作為名詞概念的體驗，本質上是消費者頭腦對於體驗消費實踐的主觀映像和反應，兩者都是主觀性和客觀性的統一。顯然，作為消費行為，體驗是消費者以身體之、以心驗之，體驗的主體和主角是消費者，企業不可能代替消費者成為體驗的主體和主角。作為消費過程，體驗是消費者親身參與和消費感受的過程，雖然該過程常常具有生產和消費同一的性質，但是企業不可能代替消費者去完成體驗過程。作為消費結果，體驗是消費者因體驗消費實踐而在頭腦意識中產生和獲得的某種新奇刺激、深刻難忘的主觀心理感受和情感反應，企業不可能事先將這種主觀的體驗創造出來並提供給消費者。可見，在現實的體驗消費之中，不論是作為消費行為的體驗，消費過程的體驗，還是作為消費結果的體驗，都不能被理解為是一種客觀的經濟提供物，更不能認為體驗是由企業創造和提供的。

筆者認為，作為消費行為和消費過程，體驗需要具備客觀的體驗消費對象才能完成；體驗作為一種「活動」，需要客觀的「物」才能完成，但是體驗本身並不是「物」。作為消費結果，

---

① 布里頓，王成. 體驗——從平凡到卓越的產品策略［M］. 北京：中信出版社，2003：30.

作為一種主觀的、內在的感受和反應,體驗來源於客觀的體驗消費對象和體驗消費實踐;體驗具有「客觀性」,但是體驗本身並不是一種「客觀的」經濟提供物。事實上,企業創造和提供的並不是體驗,而是能夠使消費者產生陌生感、新鮮感和新奇感,能夠帶給消費者以新奇刺激、深刻難忘的消費體驗的特殊產品(含服務),不妨稱之為體驗品。體驗和體驗品是兩個不同的概念,兩者之間的主要區別包括:

(1)體驗因消費者不同而不同,具有主觀性和個體差異性。雖然體驗品為適應和滿足消費者的個性化需求,常常也會具有差異性和個性化特徵,但是體驗品本身是客觀存在的,只具有客觀性不具有主觀性。

(2)體驗品的生產主體是企業,消費主體是消費者,而體驗的主體只可能是消費者。

(3)體驗品與體驗的關係猶如衣服與溫暖的關係,衣服具有保暖的功能或效用,消費者穿上衣服會覺得溫暖,同理,體驗品具有體驗的功能或效用,消費者消費體驗品會有新奇的體驗。

(4)企業只能創造和提供衣服,不能創造和提供溫暖;企業與消費者之間只存在著衣服的買賣關係和供求關係,不存在溫暖的買賣關係和供求關係。同理,企業只能創造和提供具有客觀性的體驗品,而不能創造和提供具有主觀性的體驗;企業與消費者之間只存在著體驗品的買賣關係和供求關係,不存在體驗的買賣關係和供求關係。

(5)企業因提供體驗品而「收費」,消費者因消費體驗品而「付費」,並在消費過程之中和消費過程之后獲得難忘的體驗。

總之,企業不可能像提供產品或服務那樣,先將「體驗」創造出來,然后再將這種「體驗」出售給消費者;企業創造和

提供的不是體驗而是體驗品。從生活消費領域和消費者的視角來看，雖然體驗消費的目的在於獲得心理和情感上新奇刺激的體驗，但是，消費者購買和消費的並不是體驗本身，體驗消費的對象並不是體驗，而應該是由企業創造和提供的體驗品。在體驗消費中，消費者並不是只要「付費」就能買得到體驗的，消費者要想獲得體驗，唯有靠自己親身去體驗。例如，2006年江西瑞金推出的「長徵體驗遊」旅遊新項目非常成功，吸引了眾多的海內外遊客前來觀光旅遊。① 事實上，瑞金當地的旅遊部門向遊客提供的並不是「長徵體驗」本身（事實上它也不可能提供這種體驗），而是提供「長徵體驗遊」這樣一個旅遊消費項目，組織「長徵體驗遊」這樣一個旅遊消費活動，千方百計恢復和重現當年紅軍長徵時的環境和場景，包括沿途的房舍建築、宣傳標語、大刀長矛、小米飯南瓜湯，以及當年「參軍」、「送郎當紅軍」、「十送紅軍」、「出發集合」、「慰問軍烈屬」、「支農」等一系列活動情境。至於「長徵體驗」，則完全靠遊客自己組成「紅軍」隊伍、重走當年紅軍的「長徵」路才能切身體驗和感受得到。

筆者認為，企業與其將自己定位於體驗的主體，不如將消費者定位於體驗的主體；與其宣揚自己「賣」的是體驗、能夠「提供」激動人心的體驗，不如宣揚讓消費者來體驗。以下宣傳策劃或許更加適合於體驗經濟和體驗消費的發展：

走進體驗新時代、體驗美好新生活！

體驗：有激情的生活，有品位的生活！

體驗，生活因你而精彩！

這裡是體驗的樂園，夢幻的天堂，期待體驗的你！

營造體驗的樂園、打造體驗的天堂、引領體驗的未來！

---

① 瑞金：「長徵體驗」吸引八方客［N］．人民日報，2006-05-06（1）．

4.2 體驗消費對象的主要類型

筆者認為,體驗消費的對象不是抽象的、似乎只可意會、不可言傳的體驗,而是具體的客觀存在的體驗品,即能夠帶給消費者以新奇體驗的體驗式消費對象。體驗式消費對象並非是完全不同的另外一種類型的消費對象,而只是消費對象中消費者具有陌生感、新鮮感和新奇感,感覺新奇刺激的那部分消費對象;消費對象與體驗式消費對象之間是包含與被包含的屬種關係。可以說,任何類型的消費對象,其中都可能有新奇獨特、別具一格的體驗式消費對象,或者有消費者未曾消費體驗過、感覺新奇刺激的體驗式消費對象。

體驗消費對象的範圍是非常廣泛的。為了分析的方便,同時考慮到體驗消費的特殊性,筆者將體驗消費對象概括歸納為體驗式自然景觀、體驗式人文景觀、體驗式民俗文化、體驗式產品、體驗式服務、體驗式電腦網絡、體驗式主題項目活動和體驗場八大類型。

4.2.1 體驗式自然景觀

體驗式自然景觀主要包括三大類型:一是高山、幽谷、流泉、飛瀑、江河、湖泊、海洋、冰雪、森林、草原、濕地、戈壁、荒漠、冰川、火山遺址、地震遺址、地質遺跡[①]等獨具特色

---

① 例如,中國具有典型性、代表性的地質景觀、地質遺跡,包括被列為世界地質公園的廣東丹霞山地質公園、安徽黃山地質公園、江西廬山地質公園、雲南石林地質公園、湖南張家界地質公園、黑龍江五大連池地質公園、河南嵩山地質公園等。

的自然風光；二是海市蜃樓、雲海、日出、晚霞、極光等變幻莫測的光象景觀；三是鳥獸魚蟲、花卉草木等豐富多彩的動植物景觀。例如，湖南的張家界、四川的九寨溝、桂林的山水、歐洲的多瑙河、北美的尼亞加拉大瀑布、美國的夏威夷群島、日本的富士山等，都是非常著名的體驗式自然景觀。

具體說來，自然景觀大致可以分成三個層次：① 一是原始狀態的自然景觀，如人跡罕至的原始森林、高山峽谷、冰峰雪原、大漠戈壁等，這些景色具有很高的審美價值，吸引力特別強。二是留下人類勞動加工印記的自然景觀，如牛羊成群的草原、漁帆點點的江湖、起伏的山岡、清澈的溪流等，人們對這些自然景觀的欣賞常蘊涵著對勞動的讚美。三是經過人類加工改造、藝術化了的自然景觀，如杭州的西湖、桂林的七星岩、山東的泰山等。這些自然景觀融合進了許多著名的人文景觀，如寺廟、雕刻、塑像、亭閣等，其中很多景點的題名和傳說故事等都是人類藝術加工的結果。

人類由屈從於自然、依賴於自然，向與自然抗爭、與自然和諧相處發展，熱愛大自然、親近大自然、向往大自然、探索大自然的奧秘、領略大自然的神奇，逐漸成為人們對體驗式自然景觀的基本心理訴求。自古以來，很多名人、偉人陶醉於優美的自然風光和自然景觀，一篇篇膾炙人口的詩詞歌賦，充分表達了他們新奇而獨特的體驗。例如，「虹銷雨霽，彩徹雲衢。落霞與孤鶩齊飛，秋水共長天一色」（王勃《滕王閣序》），「而或長煙一空，皓月千里；浮光耀金，靜影沉璧；漁歌互答，此樂何極！」（範仲淹《岳陽樓記》），「看萬山紅遍，層林盡染。漫江碧透，百舸爭流。鷹擊長空，魚翔淺底，萬類霜天競自由」（毛澤東《沁園春·長沙》），等等。這些確實是神奇而瑰麗的

---

① 陳鋒儀．中國旅遊文化［M］．西安：陝西人民出版社，2005：108．

自然景觀體驗，令人陶醉，獲得精神上的絕妙享受。怪不得莊子說，「山林與！泉壤與！使我欣然而樂與！」(《知北遊》) 蘇軾說，「浩浩乎如馮虛御風，而不知其所止，飄飄乎，如遺世獨立，羽化而登仙。」(《前赤壁賦》)，歐陽修則感慨道，「醉翁之意不在酒，在乎山水之間也。」(《醉翁亭記》)

4.2.2 體驗式人文景觀

體驗式人文景觀主要包括古文化遺址、古建築和紅色旅遊景觀等。

4.2.2.1 古文化遺址

人們在遊覽古文化遺址時，不禁會撫今追昔，浮想聯翩。古文化遺址的主要類型有：[1] ①遠古時代人類生活遺址，例如，雲南元謀、陝西藍田的舊石器時代猿人遺址，北京周口店的山頂洞文化遺址等。②青銅器時代人類文化遺址，例如，河南安陽的殷墟文化遺址、四川廣漢的三星堆文化遺址等。③古代城垣遺址，例如，西安的古長安城遺址、新疆的樓蘭古城遺址等。④古代帝王陵墓遺址，例如，陝西西安的秦始皇陵、北京昌平的明十三陵、埃及的金字塔和獅身人面像等。⑤歷史（文化）名人遺跡，例如，陝西韓城的司馬遷祠，四川成都的杜甫草堂等。

4.2.2.2 古建築

古代的建築珍品絢麗多彩，具有豐富的文化內涵和獨特的藝術魅力。觀賞風格迥異、造型獨特、氣勢不凡的古建築，讓人驚嘆，讓人陶醉。古建築的主要類型有：①長城與城堡，例如，中國的八達嶺長城、嘉峪關、山海關，法國東部邊境上的馬其諾軍事防線等。②宮殿與名城，例如，北京的故宮、法國

---

[1] 陳鋒儀. 中國旅遊文化 [M]. 西安：陝西人民出版社，2005：46-78.

的凡爾賽宮、英國的白金漢宮、俄羅斯的克里姆林宮等,堪稱傳統建築藝術之精華。③郵驛、會館與書院,例如,江西的白鹿洞書院、湖南的岳麓書院等。④橋樑與閘壩,例如,河北趙縣的趙州橋、四川成都的都江堰、南美洲的巴拿馬運河等。

特別是宗教建築、傳統民居和園林,建築風格獨特,給人以深刻難忘的體驗。

(1) 宗教建築。

宗教建築及其文化藝術是人類建築精華的重要組成部分。例如,緬甸仰光的大金塔、泰國曼谷的玉佛寺、臥佛寺等是佛教著名的塔寺建築。德國的科隆大教堂、英國倫敦的聖保羅大教堂、巴黎聖母院等建築,則是基督教宗教建築的典範。義大利的羅馬教堂、梵蒂岡的聖彼德大教堂等,也都是著名的宗教建築。

中國的宗教建築水平非常高超。例如,道教的宮觀受中國傳統院落式總體佈局的影響,多以壁畫、雕塑、書畫、聯額、題詞、詩文、碑刻、園林等多種藝術形式與建築物綜合統一,因地制宜,巧作安排,具有較高的文化水平和多彩的藝術形象,藝術感染力非常強。① 著名的道觀有華山的鎮岳宮、成都的青羊宮、北京的白雲觀等。

佛教寺廟建築因地勢不同顯示出不同特點,體現了精湛的建築藝術,例如山西懸空寺、嵩山少林寺、西藏布達拉宮等,山景廟宇融為一體,美學價值極高。佛教寺廟內的雕塑、壁畫、詩文、楹聯、匾額、題詞、碑碣等,往往具有很高的歷史和藝術價值。此外,敦煌莫高窟、河南龍門石窟、山西大同石窟等,集建築、雕塑、壁畫於一體,具有極高的藝術價值。

---

① 潘寶明,朱安平.中國旅遊文化[M].北京:中國旅遊出版社,2001:97.

(2) 傳統民居。

受氣候、土質、地形、民族文化及生產力水平等諸多自然和人文因素的影響，不同地區、不同民族的傳統民居都有自己的獨特樣式。例如，福建生土樓為形同要塞的古堡式建築，西藏碉房遠看很像碉堡，江南民居如同一幅幅淋灕濕潤的水墨畫。例如，北京的四合院、黃土高原的窯洞、蒙古族的蒙古包、壯族的干欄樓、苗族的吊腳樓、侗族的鼓樓、黎族的茅草房、納西族的木楞房等，也都各具特色。

(3) 園林。

中國園林的藝術特徵是自然天成、南秀北雄、妙在含蓄、小中見大、詩情畫意、情景交融。① 無論是帝王的苑圃、達官顯貴的園林，還是文人雅士的田莊、私家的庭院，都能巧妙地將樓、臺、亭、閣、廡、廊、館、榭與自然山水融為一體，將建築、繪畫、文學、書法和園藝融為一體，自然和諧，匠心獨具。園內的匾額、楹聯、詩文和碑刻等，更加凸顯園林的古樸、典雅氛圍，充滿詩情畫意。例如，圓明園、承德避暑山莊、頤和園等北方皇家園林，無錫的寄暢園、揚州的個園、蘇州的拙政園等南方的私家園林。此外，中國的公共園林一般是結合自然山水分散布點，園中有園，集山水亭樹的風景之勝與遊藝集市的娛樂之便為一體，如杭州的西湖、無錫的蠡園、北京的什剎海等。

4.2.2.3 紅色旅遊景觀

紅色旅遊景觀，主要是指中國共產黨領導人民在革命和戰爭時期建樹豐功偉績所形成的紀念地和標誌物。中國的紅色旅遊景觀主要類型包括：② ①傑出人物的故居或紀念堂。例如北京毛主席紀念堂、湖南韶山毛澤東故居、江蘇淮安周恩來故居、

---

① 王玉成. 旅遊文化概論 [M]. 北京：中國旅遊出版社，2005：128 – 133.
② 王玉成. 旅遊文化概論 [M]. 北京：中國旅遊出版社，2005：314 – 315.

四川廣安鄧小平故居等。②革命聖地。例如井岡山革命紀念地、延安革命紀念地等。③重大事件、重要戰爭發生地。例如江西南昌八一起義紀念館、山東臨沂市孟良崗戰役遺址等。④重要會議、重要機構舊址。例如中國共產黨「一大」會址、遵義會議會址等。⑤烈士殉難地、烈士陵園。例如首都北京的人民英雄紀念碑、南京的雨花臺烈士陵園等。⑥重要紀念館、博物館。例如南京大屠殺遇難同胞紀念館、天津市平津戰役紀念館等。⑦其他，例如江西瑞金縣的紅井、湖南茶陵縣的紅軍牆、重慶市的渣滓洞集中營舊址等。

　　參觀紅色旅遊景觀，有利於人們瞭解和緬懷重要的革命歷史事件和革命歷史人物，增長革命歷史知識，增強愛國主義情感，弘揚和培育民族精神。紅色旅遊給人們以知識的汲取、心靈的震撼、精神的激勵和思想的啟迪，獲得豐富而獨特的「紅色體驗」。2004年12月，中共中央辦公廳、國務院辦公廳印發《2004—2010年全國紅色旅遊發展規劃綱要》，就中國發展紅色旅遊的總體思路、總體佈局和主要措施作出明確規定。這表明，紅色旅遊意義深遠，發展前景廣闊。

4.2.3　體驗式民俗文化

　　民俗文化具有傳承性、社會性、區域性和民族性等特徵。主要類型包括：物質生產民俗，例如農業、牧業、漁業、狩獵等生產民俗；物質生活民俗，例如服飾、飲食、居住和交通等民俗；人生禮儀，例如誕生禮俗、成年禮俗、婚姻禮俗和喪葬禮俗等；以及信仰民俗、歲時民俗、社會組織民俗、民間文學等。① 中國有56個民族，各具特色，民俗文化多姿多彩。世界上不同國家、不同地區豐富多彩、風格迥異的民俗文化對外地

---

①　王玉成. 旅遊文化概論［M］. 北京：中國旅遊出版社，2005：148.

遊客具有一種新鮮感和新奇感，特別是飲食、服飾、節慶歌舞、傳統工藝品等，更能激發起人們濃厚的體驗興趣。

4.2.3.1 飲食

由於地理、氣候、物產和風俗等的差異，不同國家、不同地區、不同民族的飲食文化風格各異、特色紛呈，這給人們獲取新奇的體驗提供了廣闊的空間。例如，中國雲南的民族飲食文化歷史悠久、地域性強、烹飪技藝靈活、肴饌製作獨特。怒族和獨龍族同胞利用當地出產的一種特殊的石板做平底鍋，烤制出滋味殊異的石板粑粑，哈尼人利用當地一種奇石燒紅放進湯裡制出「桑拿肉片」的奇肴。景頗族的火燒牛干巴、竹筒煮鱔魚，彝族的乳餅、火燒豬，拉祜族的香茅草烤牛肉，白族的洱海魚蝦、木瓜燜雞等，其用料和成菜的奇特令人拍案叫絕[1]。

不僅如此，不同地區、不同民族的飲食民俗也是各具特色，異彩紛呈[2]。例如，藏族絕大部分以糌粑為主食，副食以牛、羊肉為主，喜歡飲用酥油茶、青稞酒。食用糌粑時，要拌上濃茶或奶茶、酥油、奶渣、糖等一起食用。吃肉不用筷子，而是將大塊肉盛入盤中，用刀子割食。蒙古族牧民接待客人，首先獻上香氣沁人的奶茶，端出一盤盤潔白的奶皮、奶酪。飲過奶茶，主人會敬上醇美的奶酒，盛夏時節還會高興地請客人喝馬奶酒。接待尊貴的客人或是喜慶之日則擺全羊席。

4.2.3.2 服飾

民族服飾的形成和發展既受地理環境、自然條件、生產方式等客觀因素的影響和制約，更有諸如民族歷史、文化傳統、風俗禮儀、宗教信仰等不同因素的積澱，反應了不同民族獨特的風土人情和精神風貌，凝聚了豐盛的藝術含蘊和文化氣息。

---

[1] 黃繼元. 挖掘民族飲食文化，豐富雲南旅遊資源 [J]，昆明大學學報，2005（1）：30.

[2] 陳鋒儀. 中國旅遊文化 [M]. 西安：陝西人民出版社，2005：195-200.

中國的民族服飾五彩繽紛，風格各異。① 例如，壯族無領、左衽、綉花、滾邊的衣服；滿族男穿袍服、外套馬褂，女人穿旗袍；維吾爾族的「袷袢」長袍，「尕巴」四楞小花帽；藏族上身穿長袖短褂，外套寬肥的「珠巴」長袍等，都是具有代表性的少數民族服飾。又例如，苗族服裝大多遍施圖案，刺繡、挑花、蠟染、編織、鑲襯等多種方式並用，做工考究，圖案豐富，有動物、植物、幾何紋等數十種，令人眼花繚亂。苗族婦女著盛裝時必佩銀飾，有銀插花、銀牛角、銀帽、銀梳、銀簪、項圈、耳環、披肩、壓領、腰鏈、衣片、衣泡、銀鈴、手鐲、戒指等，種類繁多、造型奇特、工藝精致，令人嘆為觀止！

4.2.3.3　節慶歌舞戲曲

各國各民族的節慶活動非常具有體驗價值，特別是那些帶有古老文化傳統的節慶活動。例如，西方的聖誕節、復活節，泰國的象節，巴西的狂歡節，法國的葡萄節等，都會讓異地遊客大開眼界。以保加利亞的玫瑰節為例：② 節日期間，人們從四面八方來到雄偉的巴爾干山南麓的「玫瑰谷」，表演民族歌舞和化裝舞蹈。好客的玫瑰花農邀請來賓一起跳「霍羅舞」，美麗俊俏的「玫瑰姑娘」向客人敬獻花環，一群群頭戴假面具、身穿奇特服裝，腰系許多銅鈴的「老人」也跳起歡快的舞蹈。

例如，中國除了中華民族源遠流長的傳統節日諸如春節、元宵節、端午節、中秋節之外，苗族的苗年、藏族的藏歷新年、蒙古族的那達慕大會，以及彝族的火把節、傣族的潑水節、侗族的趕歌會、布依族的歌節等，都具有鮮明的地域特色、民族特色和鄉土特色。節日裡，人們載歌載舞，喜慶洋洋，熱鬧非凡。例如，舞龍、舞獅、花燈、旱船、秧歌、雜戲、太平鼓、

---

　　① 潘寶明、朱安平．中國旅遊文化［M］．北京：中國旅遊出版社，2001：120．

　　② 參見：《保加利亞玫瑰節》，http：//www.liyixy.com/today.asp? id＝433

踩高蹺等漢族歌舞表演，異彩紛呈。例如，維吾爾族的盤子舞、手鼓舞，彝族的花鼓舞、絲弦舞、銅鼓舞，傣族的孔雀舞、象腳鼓舞，藏族的鍋莊舞，土家族的擺手舞，朝鮮族的刀舞，哈尼族的扇子舞、扭鼓舞，拉祜族的蘆笙舞，瑤族的銅鈴舞，苗族的跳蘆笙等等，多姿多彩。中國的節慶歌舞具有自娛性、群體性和民族性，參與性強，民俗味濃，不僅為當地百姓喜聞樂見，也是異國他鄉的遊客們躍躍欲試的參與體驗項目。

此外，中國的戲曲表演豐富多彩。京劇是中國古代戲曲最優秀的代表，昆劇、評劇、豫劇、川劇、越劇、黃梅戲、梆子戲、湘劇、錫劇、揚劇、粵劇等地方劇種也都各具特色，對境內外遊客具有非常強的吸引力。例如，川劇的戲曲語言幽默風趣，表演細膩真實，諸如滾燈、吐火、藏刀、鑽火圈、大刀走路、喝水還水等特技表演富有吸引力，特別是其獨門特技「變臉」更是令人著迷。

4.2.3.4　傳統工藝品

傳統工藝品不僅歷史悠久、技藝精湛，而且具有獨特的地域風情，集中反應了不同地區的歷史文化和民風民俗，確實是體驗佳品。例如，中國的景德鎮瓷器、宜興紫砂陶、洛陽唐三彩瓷等陶瓷製品，北京雕漆、重慶堆漆、福建脫胎漆器、揚州鑲嵌漆器等漆器製品，北京景泰藍、北京銅胎畫琺瑯、四川銀絲、雲南斑銅等金屬工藝品，東陽木雕、樂清黃楊木雕、福建龍眼木雕、廣東金漆木雕等木雕產品，以及中國久負盛名的傳統工藝品如刺繡（例如蘇繡、湘繡、粵繡、蜀繡）、工藝畫（例如山東楊家埠、天津楊柳青、蘇州桃花塢、河南朱仙鎮的木版年畫）、剪紙、皮影、泥塑、扇子、燈彩等，都非常富有特色。

4.2.4　體驗式產品

隨著市場經濟的繁榮發展，產品的種類日益豐富，產品的

質量不斷提高。在百貨大樓、大型超市或購物中心，各種各樣的產品琳瑯滿目、數不勝數。其中，新奇獨特、別具一格，消費者具有陌生感、新鮮感和新奇感的產品便是體驗式產品。產品與體驗式產品之間是包含與被包含的屬種關係。對於消費者來說，體驗式產品的範圍非常廣泛，幾乎涉及所有的產品類型。如果按照人們消費需要和實際消費支出的吃、穿、住、用、行等不同方面，可以將體驗式產品大致劃分為食品類、服飾類、居住類、用品類、交通通信類五大類型，而每一種類型又可以進一步細分。

　　食品類體驗式產品是人們獲取新奇體驗的重要來源。食品類體驗式產品主要有：新奇獨特的農產品，包括穀物、瓜果、蔬菜、禽畜產品、水產品等幾大類型；以農產品為原料的各類加工食品；各種類型的酒水、飲料等。每一類型的體驗式產品又包括無數種類，每一種類又包括不同的品種、不同的產地、不同的品牌、不同的規格、不同的檔次、不同的風味等，不可勝數。可見，食品類體驗消費的選擇空間是非常廣泛的。

　　服飾類體驗式產品既包括民族服飾，又包括時尚服飾，其中，千姿百態、五彩繽紛的時尚服飾，是人們獲取服飾類新奇體驗的主要來源。社會不斷發展，廠商之間的競爭日益激烈，各種時尚、新潮的服裝不斷湧現，時裝模特在T臺上盡情地展示和演繹，各類影視明星的引領和示範，人們對於時尚服飾的不懈追求等，所有這一切，都帶給人們以全新的體驗。

　　居住類體驗式產品包括不同類型、不同風格的住宅及小區環境，不同品牌、不同式樣、不同風格的室內裝修、配套家具及其陳設等，都帶給人們以新奇的體驗。就用品類體驗式產品和交通通訊類體驗式產品來說，不論是日常用品還是耐用消費品，科技含量越來越高，品種檔次越來越豐富，特別是家電產品、數碼產品，不斷推陳出新，功能越來越全，使用越來越方

便，質量效果越來越優，帶給人們的驚喜體驗也是接連不斷。

在體驗式產品之中，古玩、字畫、金銀珠寶等，物以稀為貴，有的還具有很高的藝術價值，自然能夠帶給人們以新奇的體驗。地方土特產不僅富有地方特色和民族特色，而且不為外地消費者所熟悉和瞭解，也非常具有體驗價值。

案例 4－1：香包的味道

「端午節快到了，買香包吧！」在朋友的建議下，孔林幾乎跑遍了成都出售民族飾品的大小店面，收穫頗豐。刺繡的、紗制的、裝干花的……各式各樣的香包讓她挑花了眼。離開成都時，她的大包小包裡裝滿了「童年的記憶」。

文殊坊結緣坊櫃臺上的大紅色香包，一下子抓住了人們的視線。大紅色的緞子，正方形，前面用紅色的輕紗挽出躍躍欲飛的「蝴蝶」，穿上紅色的穗子，既簡潔大方又有傳統的「味道」。聞一聞，裡面透出淡淡的玫瑰花香味。如今的香包與傳統香包大不一樣。過去在香包中填充的是香料，為了讓香包能「充實」起來，還要填充一些棉花或碎布。今年，各式干花成為香包中的「主角」。香包的樣式和材質也極大豐富。有輕紗制的香囊，有緞子制的香袋，有描龍繡鳳的「香枕」，還有精巧絕倫的小香掛飾……或簡單、或繁複，現代樣式中又不乏傳統風韻。

資料來源：陳四四《香包的味道》，《四川日報》2007 年 6 月 22 日第 10 版。

4.2.5　體驗式服務

體驗式服務是能夠使消費者獲得新奇體驗的服務。體驗式產品與體驗式服務的根本區別在於，前者是有形的、實體性的，而后者是無形的、非實體性的，具有不可感知性。一般說來，體驗式服務的消費過程同時就是體驗式服務的提供過程，具有同一性和不可分離性；此外，體驗式服務還具有不可儲存性和個體差異性等明顯的特徵。具體說來，從體驗式產品到體驗式

服務可以細分為五種情況：一是純粹的有形的體驗式產品，如瓜果、蔬菜、服裝類體驗式產品。二是伴隨有服務的有形的體驗式產品，如提供星級服務的海爾電器。三是有形的體驗式產品與無形的體驗式服務的混合，如餐飲類體驗式服務。四是伴隨有產品無形的體驗式服務，如民航客運類體驗式服務。五是純粹的無形的體驗式服務，如文體表演、醫療保健類體驗式服務。

消費者對於體驗式服務的選擇範圍非常廣泛，可以進行多方面的嘗試。特別是餐飲類、美容健身類、演出比賽類體驗式服務等，是消費者獲得新奇的服務體驗的重要來源。

就餐飲類體驗式服務而言。中國不僅形成了魯、川、蘇、浙、粵、湘、閩、皖著名的八大菜系，形成了湖北菜系、河南菜系、陝西菜系、東北菜系等地方菜系，還有宮廷菜、素菜、官府菜、仿古菜、藥膳等著名的風味菜，有京式、蘇式、粵式、川式、晉式、秦式等特色各異的地方風味小吃，令人們的美食體驗豐富多彩。例如，魯菜的特點是清香、鮮嫩、味純，十分講究清湯和奶湯的調製，清湯色清而鮮，奶湯色白而醇。而川菜的特點則是油重、味濃，注重調味，離不開三椒（即辣椒、胡椒、花椒）和鮮姜，以辣、酸、麻膾炙人口。[①]

現代餐飲服務業發展迅速，許多著名的餐飲企業採取連鎖加盟的方式，在不同地區、不同城市、甚至同一城市的不同街區大力發展連鎖餐飲店鋪，統一店面、統一風格、統一口味，特色非常鮮明。在某一地區或城市，人們不難找到各種類型、各種風味的餐飲名店，其中不乏具有海外特色、民族特色、地方特色的餐飲美食。例如，重慶市有一家名叫「怪難吃」的加盟連鎖企業，其提供的怪難吃系列休閒炸串美食有三十多個品

---

① 李志偉，彭淑清，陳樣軍．中國風物特產與飲食［M］．北京：旅遊教育出版社，2000：255-262．

種，分麻辣型、鮮香型、蒜香型、芥末型等多種口味，並在輔料中添加了當歸、黨參等數十味名貴的中草藥，具有強身健體、滋陰補陽的獨特功效，富有特色，能夠帶給人們以別樣的體驗。

案例4-2：當野菌遭遇肥肉

雖然人們一直對山珍懷有濃濃的喜愛之情，但多是在大魚大肉吃膩了的時候，才開始移情別戀，想起優雅美好的山珍來，應該說，味型單一與菜品單薄，是一直以來山珍酒樓在蓉城不溫不火的主要原因。而山珍的清淡吃法，有悖於川菜「有味使之出，無味使之入」的烹飪原則，海鮮川式做法可以風行，山珍為啥就不能用川式做法呢？

在一家山珍店裡，我吃到了用川式手法做出的山珍。據說「黑虎掌燒牛肉」是該店的招牌菜（黑虎掌人稱「菌中之王」），但我以為應是「茶樹菇燒肉」。那款絢爛之極而又趨於平淡的「茶樹菇燒肉」中，一條條深褐色傘狀的茶樹菇靜靜地躺著，一塊塊紅亮四方的五花肉站立茶樹菇當中，一個輕柔，一個雄壯，一個清淡，一個油膩，簡直就是葷與素的天作之合！而用來燒肉的茶樹菇是干貨，在燒制過程中，五花肉的油和著各種調料的味道一點一點地滲入茶樹菇，令原本干癟無味的茶樹菇變得豐滿味厚，那又香又濃的滋味讓我回味了好幾天。

資料來源：李雪林、鐘麗娟《鮮滋美味野菌養生又飽口福》，《成都日報》2007年6月22日第4版。

就美容健身類體驗式服務而言。隨著經濟的發展和收入水平的提高，消費者日益注重美麗和健康。與之相適應，各種美容的、護膚的、理髮的、保健的、運動的、塑身的、健身的服務機構如雨后春筍般蓬勃發展起來，其中不乏韓式、日式、歐式、美式等異國時尚風格。

就演出比賽類體驗式服務而言。一是各類影視劇，諸如好萊塢大片、大陸片、港臺片、韓劇、日劇等，精彩紛呈。二是

娛樂明星的演唱會、音樂會、PK賽，例如中央電視臺的「星光大道」、湖南衛視的「超級女聲」、李宇春專題演唱會等。三是大型體育競技比賽，例如 2008 年北京奧運會、世界杯足球賽、美國 NBA 籃球賽等，成了激動人心的體驗大餐。四是各種大型文藝晚會、歌舞專場演出等，特別是具有民族特色、地方特色、海外特色的歌舞專場演出，能給人以新奇的體驗。

案例 4-3：起立鼓掌為川北燈戲叫好

最原始的，才是最真實的；最民族的，才是最寶貴的。作為本屆「非遺節」展演的重要劇目之一，已入選國家級非物質文化遺產項目的川北燈戲昨日在錦江劇場舉行專場演出。在 2 小時演出中，來自南充市川劇團的五十餘名演員各自施展絕技，將傳統燈戲的獨特魅力演繹得淋灕盡致，讓觀眾大呼過癮。

「一算河裡有魚蝦，二算田裡有泥巴，三算啞子不說話，四算瞎子要人拉……」單是通俗詼諧的唱詞，便引發了觀眾陣陣爆笑，再加上演員誇張的表情和豐富的肢體語言，臺下的觀眾樂得前仰后翻。昨日整場燈戲演出由《開門燈》、《嫁媽》、《秀才買缸》、《靈牌迷》和《鬧隍會》5 個節目組成，其中最經典的當屬融合了民間獅舞、龍舞、牛燈和皮影等表演形式的《鬧隍會》，劇中演員不但歌舞功夫了得，還有一手「坐竹竿」的雜技絕活，現場詼諧幽默而不失驚險刺激的演出博得了觀眾由衷的讚嘆。

資料來源：王嘉《起立鼓掌為川北燈戲叫好》，《成都日報》2007 年 5 月 28 日第 4 版。

4.2.6　體驗式電腦網絡

隨著 IT 技術的飛速發展和互聯網的快速普及，電腦網絡日益廣泛地影響著人們的工作和生活，成了人們獲取新奇體驗的重要媒介和平臺，主要包括網絡遊戲、網絡交流、網絡購物等類型。

4.2.6.1 網絡游戲

電腦網絡游戲是 20 世紀末期伴隨著互聯網的發展而出現的一種新興的游戲娛樂，它在一定程度上變革了傳統的娛樂方式，很快發展成為一種主流的大眾娛樂方式。根據中國游戲工委與 IDC 國際數據公司聯合開展的一項調查，2006 年中國網絡游戲玩家達到 3112 萬，以中低收入用戶居多，其中 1000 元收入以下的低收入用戶有 50.7%，1000 元至 4000 元中等收入用戶占 43.5%，而 4000 元以上的高收入用戶僅占 5.8%。[1]

網絡游戲大致包括角色扮演游戲、策略游戲、虛擬游戲、競速游戲、運動游戲、冒險游戲和棋牌游戲，等等，這些游戲可以從不同方面滿足或誘導人們的心理需求。例如，網絡游戲營造了一個全新的虛擬世界，充滿了緊張和不確定因素。置身於網絡游戲之中，人們的注意力高度集中，暫時忘卻了現實當中工作的緊張和生活的煩惱，各種約束和紀律也不存在了，身心得到放鬆，壓力得以釋放，獲得了某種發泄的快感。例如，在現實的工作、生活和學習當中，很多人不成功或不太成功，感到失落、失意、被忽視。而在網絡游戲中，人們可以扮演各種不同的角色，不僅可以把握角色的命運，甚至可以創造出符合自己情感需要的故事情節，獲得自我中心感和成功的快感，獲得對自我價值的肯定，在一定程度上滿足其追求自由、渴望平等、熱衷創新的願望。雖然人們在游戲中獲得的成就是虛擬的，但感受到的快樂卻是實實在在的。

4.2.6.2 網絡交流

在現實的生活當中，人們有時會感到孤獨、寂寞、無聊，希望在網上虛擬世界裡尋找感情、精神的慰藉和歸宿。互聯網的快速發展為人們提供了嶄新的體驗平臺。一是信息獲取新體

---

[1] 侯大偉. 孩子說：不玩「網遊」玩什麼？ [N]. 經濟參考報，2007 - 03 - 19.

驗。人們不僅依靠互聯網來瀏覽新聞、搜索和獲取信息，還通過「電驢」、「電騾」和 BT 等下載軟件，利用對等聯網（P2P）技術，直接進行信息數據的互傳共享，這使高速下載、海量下載成為現實。二是信息發布新體驗。人們可以在網上建立完全屬於自己的博客（Blog）、維客（Wiki）、閃客（Flasher）、播客（Podcast）、麥客（Mike）、極客（Geek）等新「客體」，方便快捷地發表自己的觀點、圖片和相關音像資料。三是即時通信新體驗。通過「QQ」、「MSN」等即時通信軟件，人們可以實現文字、聲音、視頻等信息的即時交流，與親朋好友保持即時聯繫。

電腦網絡日益成為人們相知相識、交流互動的便捷平臺，網絡「群」給傳統的交際方式帶來了一次革命，也給傳統的體驗方式帶來了一次革命。從 QQ 群、業主論壇，發展到興趣俱樂部、週末沙龍；從鄰里之間的問候或交流互助，到對電影、音樂、攝影、足球、情感等情趣的分享；從最初的生活調劑品到最終的情調必需品……在電腦網絡虛擬世界裡，信息傳播具有即時性、交互性、隱匿性和開放性的特點，人們是自由、平等而獨立的，具有文化—心理結構上的同構、同質特徵，交流互動的只是心智的感應、情感的交流、觀念的溝通，甚至隨時可以對權威表示質疑和批判。

案例 4-4：青少年上網行為調查

2009 年，在中國 3.84 億網民中，有 50.7% 的網民是 25 周歲以下的青少年群體。這個群體已經接近 2 億，既是網民中最大的群體，也是使用網絡應用較為活躍的群體。

截至 2009 年底，中國青少年網民規模達 1.95 億人，占網民總體的 50.7%，同比增長 16.8%。中國青少年互聯網使用普及率達到 54.5%。

中國青少年網民中，城鎮網民為 13,163 萬，農村網民 6,338 萬，城鄉比為 67.5：32.5，男女性別比為 53.6：46.4，男性網

民占比高於2008年48.9%的水平。

　　網吧作為中國青少年上網場所的重要性在弱化，2009年在網吧上網的青少年網民占比從57.5%下降到49.4%，但農村青少年網民在網吧上網比例仍高達54.9%。

　　手機已經成為中國青少年第一位的上網工具。2009年有74%的青少年網民使用手機上網，年增長24.3個百分點。

　　2009年中國青少年網民平均每週上網時長為16.5個小時，比2008年增加了1.9個小時。

　　中國青少年網民網絡使用娛樂化特點較為突出，2009年在網絡音樂（88.1%）、網絡視頻（67%）、網絡文學（47.1%）和網絡游戲（77.2%）上的使用率均高於整體網民。交流溝通應用方面，青少年網民在博客（68.6%）、即時通信（77%）、社交網站（50.9%）和論壇BBS（31.7%）的使用率也高於整體網民。

　　大學生網民是網絡使用最活躍的群體之一，該群體在大部分網絡應用上的使用率都最高。在網絡娛樂、交流溝通、信息獲取方面，大學生網民表現的較為活躍；在商務類應用上，大學生網民網購比例達43.1%，使用網上支付和網上銀行的比例分別達40.1%和38.9%。

　　中國中小學生網民網絡應用娛樂化特點更為突出，中學生和小學生網民網絡游戲的使用率分別達到81%和82.3%。

　　2009年中國青少年手機網民達1.44億人，同比增長73.5%。大學生網民中手機網民占比最高，達85.7%。有69.3%的中學生網民使用手機上網。

　　2009年中國未成年網民規模達7917萬人，占青少年網民總體的40.6%，其中有63%的未成年網民使用手機上網。

　　娛樂、社交和自我展示是中國大部分未成年網民網絡生活的主題。在網絡娛樂應用方面，未成年網民的使用率均高於整

體網民。其中未成年網民網絡游戲的使用率達到 81.5%，不僅高於整體網民，也高於青少年網民 77.2% 的水平。

資料來源：中國互聯網絡信息中心《2009 年中國青少年上網行為調查報告》http：//www.cnnic.net/uploadfiles/doc/2010/4/23/145825.doc

4.2.6.3 網絡購物

伴隨著電子商務的快速發展，消費者獲得了網絡購物這樣一個全新的體驗消費平臺。

一是搜索反饋信息的全新體驗。利用互聯網強大的搜索引擎，消費者不僅可以輕易地獲得完整而系統的商品信息，而且所花費的時間成本和精力成本都極大地降低了。網絡信息傳播具有傳播範圍廣泛、傳播形式生動活潑的優點，為廠商與消費者之間、消費者與消費者之間進行雙向交流、即時互動提供了一種全新的平臺。

二是選購商品的全新體驗。在網絡購物之中，消費者只需坐在電腦前，在互聯網上搜索、查看、點擊，足不出戶便可輕易地完成商品的選購過程，坐等商品送貨上門，減少了時間、精力和金錢的支出。在網絡購物之中，消費者面對的是電腦屏幕和網絡系統，沒有喧囂嘈雜的環境干擾，沒有促銷人員的鼓噪誘惑，可以在一種冷靜而理性的心態下，對於不同品牌、不同規格檔次的商品進行性能、質量、價格、包裝等方面的綜合考慮和權衡比較，從而使得購買消費行為更趨理性化。

三是滿足個性化需求的全新體驗。廠商可以利用網絡平臺更全面地把握消費者的個性化需求特徵，利用數據挖掘、分佈式數據庫等多種技術手段，採用「一對一」的定制化客戶關係管理模式，將柔性化生產與硬性化生產結合起來，盡可能多地提供不同花色、品種、款式和型號的商品，充分滿足消費者的個性化需求。廠商還可以利用網絡平臺更有針對性地開展個性化的「一對一」網絡整合營銷工作，根據消費者的不同特徵

(年齡、性別、職業、收入、愛好）劃分不同的目標市場，針對不同的目標市場開發不同的商品，針對不同的消費需求提供所有能夠數字化、信息化的商品或服務項目，更好地滿足消費者的個性化需求。在網絡購物消費中，消費者具有高度的自主選擇性，可以完全憑自己的興趣、愛好、個性挑選自己感興趣的商品，因而得到了極大的人性化尊重和個性化滿足。

四是經濟實惠的全新體驗。廠商通過網絡直銷改變了傳統的迂迴模式，消除了中間環節，實現零庫存、無分銷商的高效運作。這種銷售方式打破了地域分割，縮短了流通時間，降低了物流、資金流及信息流傳輸處理成本，從而能夠有效地降低商品價格。不僅如此，網絡購物提供了眾多的商品信息和廣泛的選擇空間，廠商面對的是趨於完全競爭的市場，很難採用壟斷價格。同時，消費者可以充分利用網絡優勢，綜合衡量，貨比三家，獲得更多的經濟實惠。

4.2.7 體驗式主題項目活動

體驗式主題項目活動，是指新奇獨特、別具一格，能夠使消費者獲得新奇體驗的主題項目活動。以體驗式主題項目活動作為消費對象的體驗消費，可以稱之為主題項目活動型體驗消費。體驗式主題項目活動的關鍵點是主題，主題鮮明、獨具特色，才能深深吸引消費者。主題是貫穿體驗消費活動始終的紅線，是有效整合系列體驗式產品和體驗式服務的靈魂，使之渾然一體，給人以新奇的體驗。例如，在北京舉辦的第25屆龍潭廟會上，市民們可以在一個叫做「奧運體驗場」的巡展活動中，免費體驗到2008年奧運會上舉行的全部28個比賽項目。這些奧運體驗項目大多是高科技設備與專業比賽器材相結合的互動式游戲，比如游泳項目完全是在無水的虛擬環境下進行，射箭項目利用了多媒體設備來營造現場環境，拳擊比賽則在利用數碼

技術搭建的擂臺上進行，這使得人們的新鮮感和新奇感進一步強化了。這就是典型的體驗式主題項目活動，其主題便是奧運體驗。

體驗式主題項目活動又可以具體劃分為體驗式主題項目和體驗式主題活動兩種類型。兩者的共同點是都有一個鮮明的主題。兩者的主要區別是，體驗式主題項目主要表現為固定在某地的有形的場館、設施，而體驗式主題活動主要表現為週期性主辦的無形的活動。

4.2.7.1　體驗式主題項目

體驗式主題項目包括主題公園、主題科技館、主題博物館、主題遊樂場、主題一條街等。這種類型的體驗式主題項目不僅主題突出，而且主題項目聚集會產生規模效應，群體規模擴大又會造成一種更大的聚集效應和疊加效應，給人以深刻而豐富的體驗。例如，海南熱帶飛禽世界是中國目前最大的鳥文化主題公園。這裡展示著300余種30,000余只各式熱帶飛禽，有世界最大的鳥——鴕鳥，有世界上第二小的小鳥——珍珠鳥，有飛得最高的鳥——天鵝，有鳥中潛水冠軍——鳳頭潛鴨，還有五十余種鳥類屬於海南獨有的鳥類或亞種。海南熱帶飛禽世界還有精彩紛呈的各類飛禽表演節目，例如飛禽王國奧運會、猛禽表演、生猛的鬥雞、詼諧的鬥畫眉、沙漠中的鴕鳥騎士、見龍古塔上演繹的孔雀東南飛等。[1]

案例4-5：美國荒野體驗公園

1996年，奧格登公司批准了一項耗資1億美元的工程，開始建設擁有8大景觀的美國荒野體驗公園。這些景點以野生動物、植被、自然氣息和不同地理環境的天然氣候為公園特色，遊客可以完全沉浸於自然風光之中……任何成年人只要購買

---

[1] 摘自《海南熱帶飛禽世界》，http：//www.uu97.com/jd__27903.html

9.95美元的門票，便可遊覽和領略代表加州自然環境的5種不同特徵：紅杉林、像鋸齒般蜿蜒不斷的山脈、沙漠、海濱和峽谷。在這些可供觀賞的景點中栖息著160多種野生動物，分屬於60多個不同的種屬，包括蛇、短尾貓、蝎子、水母和豪豬。遊客們將在一家叫野地騎遊的電影院中以觀賞電影的方式開始他們的遊覽。在那裡，人們借各種動物的眼睛來體驗世界，像山中獅子一樣奔跑，像蜜蜂一樣嗡嗡叫，然后遊客們乘車觀賞真正的野生動物，並盡情地與那些身著特別服飾的野生動物園管理人員們就大自然中感興趣的問題進行交流。當然，除了美國荒野體驗項目本身為奧格登公司帶來豐厚收入外，其麾下的被稱為荒野燒烤（Wilderness Grill）的餐廳和被稱為Naturally Untamed的零售店，通過分別向遊客出售頗具特色的食品和紀念品而獲利。

資料來源：派恩，吉爾摩．體驗經濟［M］．夏業良，譯．北京：機械工業出版社，2002：29-30.

筆者簡評：美國荒野體驗公園以野生動物、植被、自然氣息和不同地理環境的天然氣候為公園特色，突出「荒野」和「自然」，主題非常鮮明。對於生活在嘈雜擁擠的城市，工作壓力大、生活節奏快、人際關係淡漠的人們來說，美國荒野體驗公園（以及類似的去處）確實令人眼睛為之一亮，精神為之一振。人們可以盡情地遊覽和領略諸如紅杉林、山脈、沙漠、海濱和峽谷5種代表加州不同自然環境特徵的荒野風光，可以接觸和觀賞到包括蛇、短尾貓、蝎子、水母和豪豬在內的160多種野生動物，還可以在被稱為荒野燒烤（Wilderness Grill）的餐廳品嘗到頗具特色的荒野燒烤美味，在被稱為Naturally Untamed的零售店購買到頗具特色的紀念品，等等。閉上眼睛想一想，這是一個多麼富有誘惑力的好去處！這就是典型的體驗消費！

4.2.7.2 體驗式主題活動

體驗式主題活動越來越常見，包括各種主題博覽會、主題展銷會、主題節慶活動等，人們消費體驗的空間更為廣闊。例如，中國的濰坊國際風箏節、岳陽國際龍舟節、吳橋國際雜技節、沈陽國際秧歌節、貴州蠟染藝術節、河南國際少林武術節等文化性節慶，在海內外已經頗有影響。例如，2007 年首屆中國成都國際非物質文化遺產節期間，入選聯合國教科文組織人類口頭和非物質文化遺產代表作的 90 個項目、入選國家首批名錄的 518 個項目以及入選全國各級名錄的 1000 多個項目紛紛在成都亮相，3000 多名非物質文化遺產項目表演者在此展示「非遺」項目魅力。[①] 徜徉和感受著主題如此鮮明、項目如此之多的「非遺節」和「非遺公園」，確實是不可多得的體驗盛宴。

4.2.8 體驗場

孫劍平認為，所謂消費場，是指以產出創設或自然物天成、能使人們產生愉悅的生活空間。[②] 權利霞認為，體驗場是指借助於一定空間佈局，刺激人的感官，喚醒人的經歷、經驗，並將過去、現在與未來聯繫起來的環境系統。[③] 筆者認為，體驗場是指由先天自然形成物和后天人工創造物構成的，新奇獨特、別具一格，能夠使消費者產生陌生感、新鮮感和新奇感，能夠帶給消費者以新奇體驗的消費空間或環境氛圍。體驗場主要由三個層次構成：第一個層次是先天自然形成的、新奇獨特、別具一格的自然資源或自然環境，比如山川、河流、森林、草原、植物、動物等。第二個層次是后天人工創造的、新奇獨特、別

---

① 碧橙．「非遺」永不落幕的文化盛宴［N］．成都日報，2007 – 06 – 22：2.
② 孫劍平．消費場理論——可持續發展議題的經濟學沉思［J］．南京理工大學學報：社會科學版，2003（1）：42.
③ 權利霞．體驗經濟——現代企業運作的新探索［M］．經濟管理出版社，2007：137.

具一格的環境，比如公園、廣場、專賣店、民俗館、演藝中心、高爾夫球場等。第三個層次是人物本身，比如形貌、服飾、言談舉止、社會活動等。以體驗場作為消費對象的體驗消費，可以稱之為體驗場型體驗消費。

在體驗消費過程中，青山綠水、鳥語花香、怪石飛瀑等天然景觀，主題公園、音樂廣場、林蔭大道等人造景觀，以及富有創新特色的餐廳、商場、娛樂會所、購物中心、演出現場、競賽場館等，都可能成為帶給消費者以新奇體驗的體驗場。當人們在別具一格的咖啡吧（如星巴克）品嘗咖啡時，他們所獲得的體驗效用不僅來自於那純正濃香的咖啡、周到細緻的服務，更來自於那由精致的格局、悠揚的音樂、幽雅的環境、浪漫的氛圍和小資情調的白領等構成的體驗場。當人們置身於大型體育比賽現場時，運動員的精彩比賽、競賽現場的緊張氣氛、現場觀眾的吶喊狂歡等，共同構成了獨特的體驗場，帶給人們以全新的體驗和刺激。創造和提供體驗場越來越成為體驗經濟的重要發展趨勢，體驗場型體驗消費也越來越成為體驗消費的重要發展趨勢。

4.3 體驗消費對象的主要特性

通過對於體驗消費對象主要類型的分析，不難發現體驗消費對象的四個主要來源：

一是自然或歷史形成的體驗式消費對象，諸如高山、湖泊、草原、荒漠等體驗式自然景觀，是先天自然形成的，諸如古宮殿、古園林、古寺廟、古遺址等體驗式人文景觀，是后天歷史形成的。這種類型的體驗式消費對象不是由企業創造和提供的，

但是消費者常常必須購買某些企業提供的輔助服務（例如導遊、交通、住宿、飲食等）才能實現體驗的夢想，並且常常必須支付一定的費用（例如購買旅遊門票）才能獲得體驗的機會。

二是由企業創造和提供的體驗式消費對象，包括體驗式產品、體驗式服務、體驗式主題項目活動和體驗場等。對於這種類型的體驗式消費對象，消費者必須向企業支付一定的費用才能獲得體驗的機會。

三是歷史形成並由企業創造和提供的體驗式消費對象，主要是體驗式民俗文化，特別是飲食、服飾、節慶歌舞、傳統工藝品等民俗文化。對於這種類型的體驗式消費對象，消費者必須向企業支付一定的費用才能獲得體驗的機會。

四是消費者本人創造和提供的體驗式消費對象，例如自己栽種的瓜果蔬菜，自己餵養的禽畜、魚類，自己烹飪加工的美味餐飲等。對於這種類型的體驗式消費對象，消費者雖然不需要直接支付購買費用，但是必須付出相應的時間、貨幣、精力等成本才能獲得。

消費者之所以能夠在體驗消費之中具有陌生感、新鮮感和新奇感，獲得新奇的消費體驗，從消費對象角度來說，是因為體驗消費對象是「異常」的消費對象。這裡的「異」是指有分別、不相同的意思，「常」是指「日常」、「平常」、「尋常」、「通常」、「常態」的意思，「異常」是指體驗式消費對象新奇獨特、別具一格，與「日常的」、「平常的」、「尋常的」、「通常的」、「常規的」、「普通的」消費對象顯著不同。筆者認為，「異常」的、新奇獨特、別具一格的體驗消費對象，具體表現為六大特性，即自然性、歷史性、異域性、文化性、科技性、新潮時尚性。

4.3.1 體驗消費對象的自然性

體驗消費對象的自然性特徵，主要是指自然景觀獨特的自

然之美，天然之美，具體表現為形象美、色彩美、動態美、聲音美等方面。不同地區的自然景觀或以某一類型的自然美著稱，或幾種類型的自然美兼而有之，令人感嘆大自然的神奇和瑰麗。

不同地區自然景觀的類型不同，特色不同，其形象美的表現也各不相同，令人們的體驗絢麗多彩。[①]

有的自然景觀突出表現為雄壯美：雄渾、壯偉、氣勢恢宏、粗獷激盪。例如貴州黃果樹瀑布，如銀河倒傾，聲若雷鳴，氣勢磅礴；錢塘江大潮，如萬馬奔騰，排山倒海。這種雄壯美，令人驚奇、震撼，感嘆自然的偉大和人的渺小。

有的自然景觀突出表現為險峻美：或山勢陡峭，或峽谷高深，或水流湍急。例如華山之險峻天下聞名，所謂「自古華山一條道」。置身於險峻景觀之中，人們心存敬畏、膽戰心驚。但當人們奮勇拼搏、徵服險阻之時，自豪感和成就感又會油然而生。

有的自然景觀突出表現為奇特美：形態或特徵非同一般，出人意料。例如桂林的岩洞，黃山的奇山、奇石、奇松、奇雲、奇泉，四川省松潘縣境內雪寶頂的「喊瀑」，河北省淶水縣野三坡風景區魚谷洞的「巨泉噴魚」等。這種奇特美，令人新奇、好奇，給人以奇異的感受。

有的自然景觀突出表現為秀麗美。例如，「五岳獨秀」的南岳衡山，群巒疊翠，萬木爭榮，雲霧繚繞，泉流不涸，景色十分秀麗。這種秀麗美，使人感到輕鬆、愉快和心曠神怡。

有的自然景觀突出表現為幽靜美。例如廣東的丹霞山、四川的青城山。幽靜是一種超脫、逸世、凡塵不染的佳境，讓人修身養性，超凡脫俗。

有的自然景觀突出表現為野趣美。例如原始森林中厚厚的

---

① 王玉成．旅遊文化概論［M］．北京：中國旅遊出版社，2005：102-116.

枯枝落葉層，人跡罕至的大峽谷，景區僻靜的角落生長的各種野草灌木等，均為野趣。

有的自然景觀突出表現為曠達美。例如廣袤無邊的大漠、一望無際的大海、風吹草低見牛羊的草原等，使人心胸開闊、豪氣干雲，獲得美的感受。

自然景觀不僅能給人以形象美的體驗，還能給人以色彩美的體驗。例如九寨溝的四季美如畫：早春嫩芽點綠，瀑流輕快；夏季鬱蔭圍海，鶯飛燕舞；金秋紅葉染山，彩林豔麗；隆冬銀裝素裹，冰瀑似玉。

自然景觀還能給人以動態美的體驗。例如，大海波濤洶湧，錢塘江大潮湧動，是雄壯的動態美；形態各異的流泉飛瀑，是靈姿的動態美；浮雲飛茲，使景觀若隱若現，是朦朧變幻的動態美；鴛鴦戲水，孔雀開屏，萬馬奔騰，是展現生命活力的動態美。

自然景觀還能給人以聲音美的體驗。例如，溪流山澗，鳥鳴叢林，瀑落深潭，都美得妙不可言。怒吼的狂風、轟鳴的波濤震撼人心，顯示大自然的陽剛之力；空曠山野中的風聲、雨聲可以讓人感覺到大自然的節奏；蟬噪，鳥唱，蛙鳴，蟲吟，溪喧，叩擊人的心扉，使人感受到大自然的美妙。

自然景觀的形象美、色彩美、動態美、聲音美及其他獨特之處，或幽，或絕，或秀，或奇，或險，對人們的眼、耳、鼻、舌、身等感知器官都會產生直觀的審美刺激，令人陶醉。

案例4-6：九寨景色美如畫

九寨除有大量美麗的海子外，還有五灘十二瀑及群海奇觀。寬達320米的諾日朗瀑布最為壯觀，它擁有群瀑、梯瀑、高瀑、低瀑多種形態，它是九寨溝疊瀑的典型代表。遠隔數千米，就能聽到震耳欲聾的響聲走近它，在彌漫的水霧中，人人都會被那一瀉千里的氣勢所震驚。在群海奇觀中，絕不能不看樹正群

海，它是由19個大小不同的高山湖泊呈梯田狀群集而成，湖水越堤而落，形成道道銀白色的瀑布，再匯入低位的湖中，梯湖疊瀑連綿數裡，呈現出「樹在水中生，水在樹間流，鳥在水裡飛，魚在雲間遊，人在畫中走」的奇特景象。波光粼粼，水聲潺潺，綠枝微拂，鳥兒掠頂而飛，霎時猶如夢境，不知身在何方。樹正群海已被定為九寨溝的標誌性景點。觀光車上的服務員說，九寨溝的四季都很美：早春嫩芽點綠，瀑流輕快；夏季鬱陰圍海，鶯飛燕舞；金秋紅葉染山，彩林豔麗；隆冬銀裝素裹，冰瀑似玉。九寨四季如畫，難怪有人說，九寨溝是畫家的地獄，攝影家的天堂，因為它的美麗實在難以描摹，而拿起相機，無論從任何一個角度拍攝，畫面都是神奇而又醉人的。

資料來源：馮霄．九寨景色美如畫［N］．人民日報海外版，2007-01-06（3）．

4.3.2 體驗消費對象的歷史性

體驗消費對象的歷史性特徵，主要是指體驗消費對象不屬於消費者當前所處的時期，而是屬於該時期之前的過去某個歷史時期，歷史悠久、年代久遠。顯然，對於過去歷史時期的消費對象，消費者是不熟悉、不瞭解的，具有陌生感、新鮮感和新奇感，能夠獲得新奇刺激的消費體驗。體驗消費對象所屬的歷史時期距離當今時代的時間跨度越大，年代越久遠，則消費者的新奇感越強烈，獲得的體驗效用越大。

具有歷史性的體驗消費對象，主要是體驗式人文景觀，特別是古人類生活遺址、古城垣遺址、古陵墓遺址、古宮殿與城堡、古宗教建築、古典園林、古傳統民居等古文化遺址和古建築，以及名人故宅、古玩字畫、出土文物和紅色旅遊景觀，等等。現代文明與古代文明之間的差異性和神祕性成為現代人訪古溯宗的動力之源，而這些屬於過去歷史時期的體驗消費對象往往是獨一無二的，可以滿足人們回溯過去、探尋歷史的體驗

心理需要。例如，當人們參觀考察長沙馬王堆、北京長城故宮、陝西秦始皇兵馬俑等歷史文化古跡時，常常會萌發「我從哪裡來」（歷史回溯型的時間指向）的尋「根」意識，「發思古之幽情」的衝動熱流會不時騰湧於胸臆之中。越是現代化的社會，人們似乎越是鐘情於不可回復的歷史人物和故事，越是對已經成為歷史陳跡的古代文化難以釋懷。也正因為如此，不少專家呼籲歷史遺跡修繕必須按照「原真性」的原則，要力求「整舊如舊」或「整舊如初」。①

例如，四川成都的金沙遺址是商代末期至西周時期古蜀國都城的廢墟，金沙遺址博物館陳列著太陽神鳥、金面具、金冠帶等 1500 余件稀世珍寶，展示著一種獨特的青銅文明。遺跡館展現的是金沙遺址祭祀場所，人們在這裡可以感受古蜀國祭祀活動的頻繁和宏大氣派，還可近距離實地觀看考古發掘的過程。陳列館共有遠古家園、王國剪影、天地不絕、千年絕唱、解讀金沙等 5 個展廳，展現的是金沙人的生活、生產及其造型奇絕、工藝精湛的器物，還有古蜀文明發生、發展、演變的歷史知識的系統介紹，並設有與觀眾互動的節目游戲。伴著悠揚而神祕的祭祀音樂，人們仿佛走進了古蜀國人的生活場景裡，這種體驗確實是極為獨特的。

4.3.3 體驗消費對象的異域性

體驗消費對象的異域性特徵，主要是指體驗消費對象不屬於消費者當前工作或生活的地區，而是屬於該地區之外的其他某個地區。顯然，對於其他地區的消費對象，消費者很可能是不熟悉、不瞭解的，具有陌生感、新鮮感和新奇感，能夠獲得新奇刺激的消費體驗。體驗消費對象所屬的地區距離消費者本

---

① 莊志民. 旅遊經濟文化研究［M］. 上海：立信會計出版社，2005：38.

人當前所工作或生活地區的空間跨度越大，則消費者的新奇感越強烈，獲得的體驗效用越大。

消費者對於其他地區的體驗消費對象，或者稱之為廣義的「異域產品」，主要有以下幾種不同的態度和接觸動機：① ①異域崇拜：人們對異域或異域產品的痴迷態度。如，維也納之音樂、法國之葡萄酒、義大利之皮具，等等。②異域渴望：人們對異域或異域產品的向往，但沒有達到崇拜的程度。③異域好感：人們對異域或異域產品的良好印象或態度，但沒有達到向往的程度。④異域無涉：人們對異域或異域產品持無所謂的中性態度或持一種具體問題具體分析的理性態度。⑤異域偏見：人們對異域或異域產品歪曲的負面態度，但沒有達到反感的程度。⑥異域反感：人們對異域或異域產品的心理抗拒。

不同國家、不同地區、不同民族在空間上的差異分佈造成了社會、經濟、文化諸方面的地理局部封閉性，由此而產生了區域間的相對神祕性。不同區域之間的文化有著較為穩固的空間屬性或區位地域的根植性、依附性，各區域之間存在著各自空間環境下和時間序列上的彼此差異性和相對獨立性。對於其他區域的人們來說，該區域的文化是陌生的、新鮮的、新奇的，具有體驗價值。體驗消費對象的異域性特徵主要表現為三個方面：一是體驗消費對象的國際性，即世界上其他國家富有特色的消費對象；二是體驗消費對象的地域性，即其他地區富有特色的消費對象；三是體驗消費對象的民族性，即其他民族富有特色的消費對象。體驗消費對象的國際性、地域性和民族性三者之間，有的時候是交叉融合的，特別是地域性和民族性之間常常是交叉融合的。

---

① 梁鏞，葛樹榮. 全球化條件下的「異域產品」與「異域消費」[J]. 青島大學學報，2001（4）：73.

4.3.3.1 體驗消費對象的國際性

隨著現代交通通信技術的發展和國際經濟貿易的繁榮，世界上其他國家富有特色的產品和服務不斷流入國內，帶給人們以新奇的體驗。同時，隨著收入水平的提高，走出國門的消費者群體日益擴大，他們感受著具有異國情調的生活方式和民俗風情，體驗更是新奇獨特。例如，有人介紹了伊朗首都德黑蘭富有特色的「SHAWALMA」（諧音戲稱為「想我了嗎」）：大片的牛羊肉疊成一大摞，串成一個金字塔形的大肉柱子。伙計邊旋轉邊烘烤，熟一層，就用刀削一層吃。套餐的主食是地道的伊朗大餅，蘸著霍姆斯醬，再嚼上幾根酸黃瓜條，自是別有一番滋味。他還介紹了在沙特朋友家裡吃烤全羊的「甜蜜」體驗：在一張大地毯上，賓主十幾個人盤腿席地而餐。上桌的全是從庭院烤箱裡剛剛出爐的整隻羊腿、整片羊肝和羊雜碎。雖然有成套的刀叉餐具，但大家全是用手撕啃。佐餐的還有蔬菜沙拉和烤大餅。吃大餅時還要夾上大片剛出箱的蜂巢，嚼起來連渣帶蜜，統統吞下，甜得膩人。①

案例4-7：奶酪飄香數百年——荷蘭豪達見聞

荷蘭是世界上最大的奶酪生產國，其中超過一半的奶酪就產自小城豪達⋯⋯市中心廣場上人頭攢動，廣場中間，青石地上整齊碼放著一排排黃澄澄的圓餅狀豪達奶酪，形狀好像巨型中國喜餅，耀眼又誘人。每塊「奶酪餅」直徑1尺左右，厚約10公分，重約12公斤，外面是一層薄薄的石蠟外殼，殼上印有「奶酪身分證」：品種、產地、生產者，還有每塊奶酪獨有的數字編號。奶酪旁站的賣家都身著藍衣，脖子上系著紅底帶花的小方巾，有的還腳蹬傳統荷蘭木鞋；而買家則統一穿白色大褂、頭戴鴨舌帽⋯⋯議價方式十分有趣：買賣雙方一邊口中快速報

---

① 陸石. 伊朗人滿街吆喝「想我了嗎」[N]. 環球時報，2008-01-09(9).

出自己想要的價錢，一邊和對方擊掌，每次擊掌都伴隨著一個新報價，直到兩人意見一致為止。就這樣，在清脆的「啪啪」掌聲和快得聽不清的報價聲中，一堆堆的奶酪易手……除了奶酪博物館，豪達城裡還有很多地方能讓人從不同角度感受、瞭解豪達奶酪。最適合「饞貓」們的可能是掛著特殊奶酪品嚐標誌的奶酪店、餐館和酒吧。在這些地方，人們能嘗到不同口味的豪達奶酪，例如加胡椒、辣椒、孜然等不同調味料的奶酪，或是山羊和綿羊奶製作的奶酪。如果走遍全城嘗盡各色風味，恐怕舌頭都要分不出它們各自獨特的味道了。

資料來源：摘自《奶酪飄香數百年——荷蘭豪達見聞》，news.qq.com/a/20060813/001085.htm

4.3.3.2 體驗消費對象的地域性

具有濃鬱地方特色、反應當地風土人情的土特產或地方習俗，對於該地區之外的人們來說是陌生的、新鮮的、新奇的，具有體驗價值。例如，近年來北京地區恢復了傳統的春節廟會活動，廟會具有非常濃鬱的北京地方特色，能帶給人們特別是外地遊客以新奇的體驗。廟會上的很多小吃都是斷檔多年的北京風味食品，如扒糕、煎燜子、八寶茶湯等。民間花會有耍獅子、踩高蹺、小車會、旱船等，技藝表演有耍中幡、拉洋片、雙簧、「打金錢眼」等，豐富多彩。例如，紹興的年俗「祝福」因魯迅先生的小說而名揚天下。如今，到浙江紹興遊玩的遊客，可以在魯迅故裡周家老臺門親眼看到紹興傳統年俗「祝福」的場景表演，瞧一瞧什麼是「五事燭臺」、「五牲福禮」，現場感受一下「祝福」的儀式和氛圍，滿足一下新鮮好奇的心理。

4.3.3.3 體驗消費對象的民族性

體驗消費對象的民族性特徵，一方面表現在同一類民俗文化在不同民族中，可以產生不同的民族表現形式。例如，傣族的舞蹈如水般柔美、多情，表現出溫柔、質樸的民族性格；而

佤族的舞蹈像火一樣猛烈、熱情，傳達出粗獷、強悍的民族特質。另一方面表現在不同的民族由於各自的歷史、地理、經濟、文化等方面的差異，各有區別於其他民族的獨特民俗。

　　顯然，具有濃鬱民族特色、民俗風情的體驗消費對象是人們獲取新奇體驗的重要來源。在長期的歷史發展過程中，不同民族創造了豐富多彩、各具特色的民族文化，風格獨具的民族歌舞，絢麗多姿的民族服飾，別具一格的民族建築，豐富多彩的民族節日，粗獷淳樸的民族體育活動等，充滿了濃厚的生活情趣和鄉土氣息，富有神祕性、新奇性和趣味性。例如，涼山彝族火把節的獨特與別致，能讓你在喧囂之外感受一番民歌民樂的純樸與醇厚。無論是彝族朵樂荷，還是彝族畢摩文化；無論是彝族克智，還是彝族口弦，都會讓你流連忘返、感受深刻。例如，苗族的「遊方」和「跳場」，瑤族的「鑿壁談婚」和「埋蛋擇婿」，布依族的「丟花包」等少數民族男女青年擇偶、婚嫁的習俗也各有特色，深深地吸引著外地旅遊消費者，帶給他們以新奇難忘的體驗。

案例4-8：做客雲南傈僳族人家

　　別有風味「手抓飯」

　　進了傈僳人家，在火塘邊坐定后，首先要喝主人家敬上的兩杯「進門酒」，然后接過主人遞上曬干的玉米棒子，掰下一些包谷籽，撒進火塘邊的「子母火」炭灰中，隨意烤吃上幾顆噴香的苞谷花墊墊底。等主人把盛滿香米飯和烤乳豬肉、香酥雞、豆芽、青菜等美味佳肴及各種作料的竹篩子端上來，賓主便在「木楞房」的地板上席地而坐，開始津津有味地品嘗別有風味的「手抓飯」，有一種返璞歸真、迴歸自然的原始風味。

　　同杯共飲「同心酒」

　　熱情洋溢而又能歌善舞的傈僳族姑娘，一遍又一遍地唱著祝酒歌向客人敬酒：一會兒是邀你同杯共飲的「同心酒」，一會

兒又是邀你對飲的交杯酒，盛情之下，不喝是說不過去的。一直喝得你臉紅耳熱暈暈乎乎，便又被能歌善舞的傈僳族青年男女邀約起來唱歌跳舞，一邊唱歌一邊轉著圈子跳集體舞，用歌聲伴奏著舞蹈，氣氛非常歡快熱烈。

　　資料摘自：魏向陽．做客雲南傈僳族人家［N］．人民日報海外版，2007－01－10（6）．

　　在體驗消費中，人們希望體驗具有國際性、地域性、民族性的體驗消費對象，希望體驗異域特色鮮明的、原汁原味的生活方式或民俗風情。然而，有的人卻說：「原汁原味的東西一定是落后的東西，這種落后的東西很難對應現代需求……總體來說，異質文化是個點綴、是個意思、是個表象或者是一種包裝，但是不能把它當成絕對的東西、主體的東西。」① 客人需要的是精致的自然、人工的自然，不是原汁原味的東西；需要的是改造過的鄉村、改造過的自然，最終體現的是城市生活的實質。客人要求以鄉村環境為基礎，以自然感受為追求，以城市生活為實質，說到底是換一種環境享受城市生活。原汁原味只是外表，是符號，是文化象徵，本質還是城市生活。②

　　筆者認為，城裡人到鄉村去的目的在於體驗一下淳樸自然的原汁原味的鄉村生活，到西雙版納傣家竹樓去的目的在於體驗一下淳樸自然的原汁原味的傣家生活，體驗消費的目的就在於體驗具有新奇刺激性的「異質文化」。不論是自然景觀、人文景觀，還是服飾、飲食、節慶歌舞、傳統工藝品等民俗文化，人們都希望是原汁原味的，而不希望是「人工的」、「改造過的」、「精致的」。「人工的」、「改造過的」東西雖然顯得「精

---

　　① 魏小安．中國休閒經濟［M］．北京：社會科學文獻出版社，2005：351.
　　② 魏小安．中國休閒經濟［M］．北京：社會科學文獻出版社，2005：307－336.

致」一些，但與「原汁原味」的東西有出入，甚至大相徑庭，難以激發消費者的陌生感、新鮮感和新奇感。「原汁原味」的東西好比是古代文物和名人字畫，而「人工的」、「改造過的」東西好比是古代文物的仿製品、名人字畫的臨摹品，很顯然，前者對消費者更具有吸引力和體驗價值。把原汁原味的東西去掉，只會使得消費者的陌生感、新鮮感和新奇感減弱，體驗價值大大降低。如果人們到農村地區去體驗鄉村生活，到民族地區去體驗民俗風情，結果卻只是「換一種環境享受城市生活」，最終感受到的仍然是「城市生活的實質」，那只會使得消費者的相似感和熟悉感增強，新奇刺激的體驗效用下降。可見，「加工改造」與體驗消費的本質屬性原理相違背，是不妥當的。「原汁原味」與體驗消費的本質屬性原理相一致，是值得提倡的。

案例4-9：原汁原味的苗族文化和神祕的僰族文化

「阿妹十八一枝花，花兒要開阿哥家。我們相識在花山節上，阿妹是美麗盛開的鮮花……」在興文石海的著名景觀「夫妻峰」腳下，苗族風情對唱一浪高過一浪，讓遠道而來的遊客陶醉其中流連忘返。

宜賓興文縣有苗族同胞4.8萬人，是四川最大的苗族聚居縣，也是古僰族消亡之地。原汁原味的苗族文化和神祕的僰族文化，共同構成了興文濃鬱而厚重的文化靈魂。走進如今的興文，你能感受到撲面而來的文化氣息。在縣城，一組獨特的銅鼓蘆笙雕塑屹然矗立；太陽神鳥地刻、古僰人生活場景浮雕生動真切。進入石海景區，在投資數百萬元、全國最大的古典式苗寨裡，每天都有苗族歌舞表演。到了夜晚，還可圍著篝火，吃著香噴噴的苗家烤全羊、烤烏雞，融入擠蘆笙的歡樂中；景區還在僰人遺址處，恢復僰寨的原貌，陳列了大量的僰人生產生活用品，讓遊人從銅鼓、城垣、懸棺、石磨等遺跡中，感受神祕的古僰文化，探尋僰人消亡之謎。精心打造的古僰族「打

齒求婚舞」、「連槍舞」等，贏得了遊客的嘖嘖讚許。各大賓館和飯店大力推行吃苗食、說苗語、唱苗歌、跳苗舞等服務，讓遊客充分領略了苗族文化的個中韻味。

資料來源：龍春，李明汝，張廷付．宜賓興文：旅遊張揚個性魅力［N］．四川日報，2007-05-14（16）．

4.3.4 體驗消費對象的文化性

體驗消費對象的文化性特徵，突出反應了不同國家或地區消費對象的文化特質。不同國家或地區在民族、文化、歷史演變、傳統習俗、社會生活方式和政治制度等方面存在著明顯差異，在宗教文化、民俗風情、歷史遺產、文物古跡、園林、建築、飲食乃至社會發展等各個方面各具特色，這使得其人文景觀、民俗文化以及產品和服務等具有鮮明的文化差異性。體驗消費對象對於消費者吸引力的大小，主要取決於該消費對象的特色的多少，而這種特色在很大程度上又取決於該消費對象文化內涵的獨特性和差異性。體驗消費對象的文化內涵越深厚、差異性越大、特色越鮮明，就越具有體驗的魅力和吸引力。例如，人們到北京旅遊，吸引他們的不僅有故宮、頤和園、八達嶺長城等靜態的自然景觀或人文景觀，還有由旅遊景點、城市風貌、典雅親切的東方禮儀和精美絕倫的中式菜餚等因素共同構成的具有濃鬱中國文化情調的特殊環境。

例如，四川歷史文化悠久璀璨，文化旅遊資源異彩紛呈。三星堆遺址、金沙遺址等古蜀文化玄妙神奇，武侯祠、劍門關、張飛廟等三國文化膾炙人口，雪山草地、偉人故里、川陝蘇區等紅色文化彪炳史冊，道教發祥地青城山、四大佛教名山峨眉山等宗教文化積澱深厚。四川的民族風情濃鬱多姿，涼山彝族火把節、康定跑馬山轉山會、瀘沽湖摩梭族走婚風俗獨具魅力。四川的科技文明嘆為觀止，水利、織錦、井鹽、絲綢、歷算等古代科技文明影響深遠，西昌衛星發射中心、二灘電站、攀鋼

等現代科技文明享有盛譽。四川的川菜、川酒、川茶、川劇等民俗文化風格各異，特色鮮明。所有這些，對於國內外遊客來說都具有獨特的體驗魅力。

4.3.5 體驗消費對象的科技性

體驗消費對象的科技性特徵，突出反應了現代高科技對於各類消費對象的發展和改進，以及由此帶給消費者的新奇體驗。比爾‧蓋茨曾經說過：「每天清晨當你醒來時，都為技術進步為人類生活帶來的發展和改進而激動不已」。確實，科學技術日新月異，高新科技產品層出不窮，其科技含量越來越高，功能越來越多，使用越來越便捷，帶給人們的體驗越來越豐富。例如，隨著現代科技的快速發展和廣泛應用，消費類電子產品「大」和「小」的記錄不斷被刷新，形成了鮮明的對比：體積更小、厚度更薄、重量更輕、面積更大、像素更高、容量更大……不斷刷新的記錄令消費者瞠目結舌，體驗深刻。

科技和創新是現代化的根本動力，也是人們新的體驗消費的源泉。每一次科技進步，都幫助人們實現了新的夢想，帶來了新奇的體驗，增添了新的生活樂趣，推動和提升了消費體驗品質的提高。例如，機器人吸塵器可以在主人不在家的時候，自動打掃地板、去除灰塵。機器人吸塵器還很「聰明」，它會自動避過打掃過的地方，絕不重複；當電量低於 20% 時，它還會自動找到電源底座自行充電。

不僅如此，科學技術的快速發展，還使人們對體驗消費的未來滿懷憧憬和期待。例如，科幻電影、科幻小說、科幻遊戲等，可以將消費者帶進未來時空之中，滿足其「我要到哪裡去」的展望未來、神奇幻想的體驗心理渴望，獲得了在現實世界難以獲得的新奇體驗。在虛擬旅遊資源管理和電子商務發展的基礎上，通過 JAVA 等先進的計算機技術逐步實現對三維場景的控

製，可以幫助人們實現諸如泰山虛擬旅遊、珠穆朗瑪峰虛擬旅遊、異國風情虛擬旅遊等體驗夢想，甚至還可以實現秦始皇陵探寶虛擬旅遊、金字塔之謎虛擬旅遊、太空虛擬旅遊、地殼虛擬旅遊、深海虛擬旅遊等體驗夢想。又例如，美國 Futron 公司預測，2021 年到太空旅遊的遊客將達 1,500 人，票價將從現在的 2000 萬美元降到幾萬美元。這為人們實現私人太空旅遊的體驗夢想展示了誘人的前景。

案例 4-10：4D 超越阿凡達特效

逛世博猶如看電影，這是不少觀眾參觀世博園之後最大的感受。由於大部分展館都採用了 3D 等先進的影視技術，使得世博就像一個奇妙的電影院。世博會石油館的「拳頭」產品就是在 4D 影院中播放的一個 4D 電影《石油夢想》。這部電影是由《阿凡達》的技術班底打造的，讓遊客見證石油演變的百億年時光，配合影片情節，放映廳的座椅可以完成后仰、前傾、微顫、釋放氣味等 10 個動作，加上視覺的立體成像，比《阿凡達》刺激得多。一批批觀眾看完，直呼過癮，尤其是幾個片段，讓人震撼不已：原始熱帶雨林，大黃蜂像戰鬥機似的，成群地轟鳴而來，你好像是在下意識地不停地躲閃，可躲來躲去，還是有一隻飛到你的鼻子尖上，以迅雷不及掩耳之勢射出一種毒汁炸彈，帶著清香，只是臉上感到濕乎乎的；沙漠下儲存著豐富的石油，上面是流沙，還有危險的響尾蛇在活動，只見它飛速地向你逼來，一下躥到眼前，你正要尖叫，它突然掉頭，扎進沙裡，緊接著，大腿下面傳來一陣起伏，好似響尾蛇正從腿下蜿蜒而過，身上不禁一陣寒戰。

資料來源：《4D 超越阿凡達特效 世博園好似奇妙電影院》，
http://miit.ccidnet.com/art/33771/20100524/2067951＿1.html

4.3.6 體驗消費對象的新潮時尚性

體驗消費對象的新潮時尚性特徵，主要是指消費對象與時

俱進，反應了最新的潮流和時興的風尚。人們之所以追求新潮和時尚，一個非常重要的原因是，新潮而時尚的東西具有陌生感、新鮮感和新奇感，受到了很多人特別是年輕人的認同和青睞，能夠帶來新奇刺激的體驗。在新潮和時尚的產生、流行到更替的過程之中，包括歌星、影星、名模、主持、藝術家、運動健將乃至政治家等在內的各路明星，是新潮和時尚的主要創造者，包括電視、網絡、報紙、雜誌、廣播等在內的大眾傳媒，是新潮和時尚的主要傳播者，大批消費者則是新潮和時尚的追隨者。

各路明星特別是影、視、歌等娛樂明星，只有不斷地創造新潮、引領時尚，才能保持鮮明的個性和獨特的魅力，才能牢牢吸引大眾的眼球、保持較高的曝光率，落伍就意味著被遺忘、被淘汰。而要始終處於新潮和時尚的前列，就必須不斷創新，努力發掘各種新潮和時尚的元素，包括服裝、飾物、髮型、膚色、表情、動作、聲音以及生活方式，等等。因而可以說，各路明星既是新潮和時尚的創造者，同時也是體驗消費的引領者和創造者，成為消費大眾追逐效仿的對象。大眾傳媒掌握了占絕對優勢的公眾話語權，對於新潮和時尚起了宣傳放大的作用，既是新潮和時尚的主要傳播者，也是體驗消費的主要傳播者。消費者從大眾傳媒及時而全面地感受著不斷產生的新潮消費和時尚消費，既是新潮和時尚的追隨者，也是體驗消費的追隨者和踐行者。

新潮時尚性是體驗消費對象的重要屬性之一，也是消費者獲取新奇體驗的重要源泉之一。必須指出的是，新潮時尚本身存在著好壞優劣之分。我們應該倡導發展那些文明的、健康的、積極向上的新潮時尚，倡導發展那些高層次的、富有文化內涵的新潮時尚，使之引領體驗消費朝著文明的、健康的方向發展，這既有利於提高體驗消費質量，又有利於消費者的身心健康；

相反，對於那些不文明的、不健康的、消極頹廢的新潮時尚要科學引導，對於那些有悖於社會倫理道德、甚至違反法律法規的新潮時尚要堅決制止，以避免其對體驗消費的發展產生不良的影響。

案例4-11：春天，時尚從鞋開始

這個春天，鞋子的世界格外炫目。大地剛剛披上一身新綠，五顏六色的鞋子已爭先恐后地上市了，反光的漆皮、耀眼的亮色、精致的綉花、俏皮的平底、個性的楔跟、優雅的魚口、可愛的公主靴……步履所到之處，無不散發出時尚的氣息。所以，我要說「春天，時尚從鞋開始」。

……鞋子的款式、顏色和材料令人眼花繚亂，目不暇接。如此豐富的鞋子，你肯定能挑上一雙滿意又實惠的。細細觀察，今年的皮鞋更注重個性生活的迴歸，風格更加簡單，更具特色，充分展示穿著者的個性。簡潔成為一種風尚，摒棄一切膚淺而多余的東西，追求一種更為貼切、更具有理性的時尚。休閒鞋更講究舒適度和人性化，簡約但不失優雅。運動鞋將「功能」這一主題體現得完美無缺，比如喬丹、阿迪王。

女鞋大致可分為新潮型、優雅型和精致型，這些鞋可以使任何年齡的女性充分展示自己的魅力和女性特點，使曇花一現變為永恆，品質重於一切。男鞋的趨勢是既美觀又實用，楦型儒雅，有個性，具有強烈的超前意識。新穎的材質混合使用，內外色彩協調，審美口味追求獨特性。童鞋充滿夢幻色彩，有幽默的卡通形象，或粉或豔的顏色交相輝映，甜美可愛的公主靴會讓你不由自主地想起童年趣事。

資料摘自：李豔《春天，時尚從鞋開始》，載《紡織服裝周刊》2009年第8期。

4.4 體驗消費對象的生產供給原則

體驗消費對象來自於體驗經濟的生產供給。那麼,體驗消費與體驗經濟之間具有怎樣的辯證關係,如何才能生產和提供新奇獨特、別具一格的體驗消費對象,即體驗消費對象具有哪些基本的生產供給原則?

4.4.1 體驗消費與體驗經濟之間的辯證關係

體驗經濟的著眼點在於體驗式消費對象的「生產」,體驗消費的著眼點在於體驗式消費對象的「消費」,體驗式消費對象既是體驗經濟的結果,又是體驗消費的前提,是兩者的聯繫仲介。體驗經濟的立足點,是生產經營者在既定的資源約束的條件下,生產和提供適應體驗消費需要的體驗式消費對象,擴大市場、促進銷售,實現生產者利潤最大化。而體驗消費的立足點,是消費者在既定的收入約束的條件下,體驗和感受適應體驗消費需要的體驗式消費對象,實現消費者效用最大化,實現人的自由而全面的發展。可見,體驗經濟和體驗消費的著眼點和立足點是完全不同的。

根據馬克思主義基本原理,生產與消費之間既有聯繫,又有區別,是辯證統一的關係。筆者認為,生產與消費之間的關係是一般,體驗經濟與體驗消費之間的關係是個別,后者關係是前者關係的具體化。體驗經濟與體驗消費之間是「相互影響、相互作用和相互制約」的辯證統一關係,完全可以運用馬克思

主義基本原理進行分析。①

　　第一，體驗經濟和體驗消費是相互區別的兩種活動，是體驗品（含服務）社會再生產運動中的兩個不同要素，各有不同的特點、地位、作用和職能。在市場經濟的條件下，體驗經濟和體驗消費之間仍然存在著矛盾和對立，兩者之間的增長有時不協調，不僅有使用價值形態上的矛盾，還有價值形態上的矛盾；兩者之間矛盾運動的脫節，集中表現為體驗式消費對象的供給與需求在價值形態和使用價值形態上的失衡，或供過於求，或供不應求。

　　第二，體驗經濟和體驗消費作為矛盾著的雙方，兩者又具有同一性，一方的存在以另一方的存在為條件。一方面，沒有體驗經濟的發展，便沒有體驗消費的對象，因而體驗消費的發展只能是無源之水，無本之木；另一方面，沒有體驗消費的發展，體驗經濟便缺乏足夠的市場需求和發展空間，因而體驗經濟的發展也是不可能的。體驗經濟與體驗消費互為手段，互為媒介，相互依存，體驗經濟為體驗消費提供外在的、客觀的「對象」，體驗消費為體驗經濟提供內在的、主觀的「對象」。沒有體驗經濟就沒有體驗消費，沒有體驗消費也就沒有體驗經濟。

　　第三，體驗經濟是實際的起點，因而也是居於支配地位的要素，體驗經濟對體驗消費具有決定作用。這是因為：①體驗經濟為體驗消費創造和提供體驗式消費對象，這是體驗消費的前提條件。②體驗經濟的發展造就了一種全新的消費方式——體驗消費。③伴隨著體驗經濟的發展，新的體驗式消費對象不斷被創造出來，這在消費者身上不斷激發出新的體驗消費需要和消費動力。④現實的體驗經濟的水平和結構決定著體驗消費的水平和結構。⑤體驗經濟創造出體驗消費者。一方面，沒有

---

　　① 本文中「體驗經濟與體驗消費之間的辯證關係」部分，主要參考借鑑馬克思《<政治經濟學批判>導言》（馬克思恩格斯選集：第 2 卷）[M]．北京：人民出版社，1972：93 - 97．）中「生產和消費」的辯證分析。

體驗經濟的發展便沒有體驗消費者自身的存在；另一方面，體驗經濟生產出會享用體驗式消費對象的消費者，生產出體驗消費者的能力和素質。

第四，體驗消費對體驗經濟的發展具有制約作用。可以認為，體驗消費既是上一個體驗品（含服務）再生產運動的終點，又是導向下一個體驗品（含服務）再生產循環運動的起點。作為體驗消費需要的滿足，作為體驗經濟存在和發展的動力和前提，體驗消費又對體驗經濟的發展具有決定意義的作用：①馬克思說，「消費創造出新的生產需要，生產的觀念上的內在動機，生產的動力，生產的目的和對象。」① 體驗消費是體驗經濟的動機、目的和歸宿，體驗式消費對象只是在體驗消費中才成其為現實，才得以最后完成。②體驗消費有利於滿足人們的享受需要和發展需要，有利於人們發展智力和體力、提高能力和素質，有利於實現人的自由而全面的發展，這對於體驗經濟的進一步發展顯然是非常重要的。③隨著人們體驗消費需要的滿足，新的體驗消費需要將會不斷產生出來，成為推動體驗經濟不斷發展的新動力。④在市場經濟條件下，體驗消費市場的拓展、體驗消費需求的增長是體驗經濟持續、健康、快速發展的前提條件，體驗消費的規模、結構和速度影響著體驗經濟發展的規模、結構和速度。

4.4.2 體驗消費對象的生產供給原則

4.4.2.1 立足創新、推陳出新

江澤民同志精闢地指出：「創新是一個民族進步的靈魂，是國家興旺發達的不竭動力。」「要迎接科學技術突飛猛進和知識經濟迅速興起的挑戰，最重要的是堅持創新。」體驗消費是具有

---

① 馬克思恩格斯全集：第46卷上 [M]．北京：人民出版社，1979：28-29．

新奇刺激性的特殊消費方式,新奇獨特、別具一格的體驗消費對象,是使消費者產生陌生感、新鮮感和新奇感,獲得新奇體驗的根本原因。生產經營者只有立足於創新,不斷推陳出新,才能創造和提供新奇獨特、別具一格的體驗消費對象;只有立足於創新,不斷推陳出新,才能保持體驗消費對象的獨特性、差異性和新奇性,做到人無我有,獨此一家,人有我特,與眾不同。體驗消費對象具有特定的「新異壽命週期」,生產經營者要在其新異吸引力失去之前進行新產品開發,加入新成分或進行新的調整。現代市場觀念對產品的理解是廣義的,產品的整體概念認為,產品是指向市場提供的,能滿足消費者某種需要和利益的物質產品和非物質形態的服務,即產品＝實體＋服務。具體包括三個層次內容,即實質產品(或稱核心產品)、形式產品和附加產品(或稱擴增產品),見圖4－1所示①。

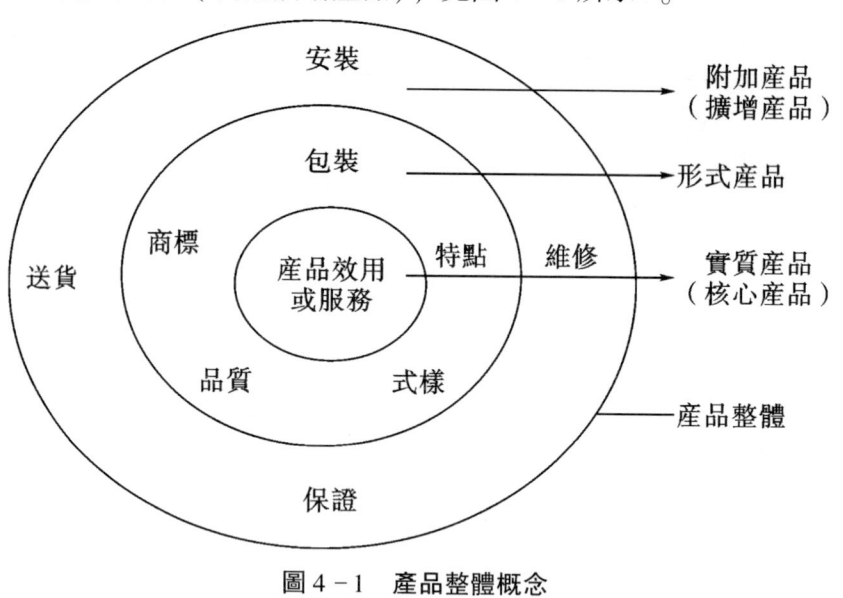

圖4－1 **產品整體概念**

---

① 彭好榮. 工商企業經營管理[M]. 北京:經濟管理出版社,1997:203－204.

這表明，產品的開發創新應該從三個層次著手，一是實質產品的創新，主要通過產品效用或服務的性能、適用性、可靠性、耐用性、經濟性等指標優化體現出來，給人以新奇體驗。二是形式產品的創新，主要通過品質、特點、式樣、商標、包裝等指標優化體現出來，給人以新奇體驗。三是附加產品的創新，主要通過送貨、安裝、調試、維修、保證等指標優化體現出來，給人以新奇體驗。

體驗經濟貴在創新，貴在出新，唯此才能不斷帶給消費者以新奇的體驗。美國學者派恩和吉爾摩指出，體驗的提供者們必須持續提供更新的體驗——改變或者增加東西使得產品保持新穎、令人興奮，值得客戶付出金錢再次體驗，並使客戶獲得驚喜。[①]這是很有道理的。如果生產經營者創造和提供的只是普通的、常規的、大眾化的消費對象，消費者通過消費只能獲得一般的消費效用和滿足，那麼此類消費屬於常規消費，此類經濟屬於常規經濟。如果生產廠商加強創新，將原來普通的、常規的、大眾化的消費對象升級轉化成了具有差異性、獨特性和新奇性的消費對象，消費者通過消費能夠獲得某種新奇刺激的消費體驗，那麼常規消費就轉化成了體驗消費，常規經濟就轉化成了體驗經濟。如果生產經營者喪失創新，致使原來具有差異性、獨特性和新奇性的消費對象降級退化成了普通的、常規的、大眾化的消費對象，消費者通過消費不能夠獲得新奇刺激的消費體驗，那麼體驗消費就轉化成了常規消費，體驗經濟就轉化成了常規經濟。

案例 4-12：深圳海族館的「美人魚」

據報導，深圳海族館的「美人魚」項目非常成功，凸顯了創新和特色，做到了人無我有，獨此一家。別的海族館向消費者展示的是海洋生物，是海洋魚類在海族箱裡遊來遊去，而深

---

① ［美］派恩二世（Joseph PineⅡ, B.），吉爾摩（Gilmore, J. H.）．體驗經濟[M]．夏業良譯．北京：機械工業出版社，2002：102.

圳海族館不僅向人們展示海洋生物，海族箱裡不僅有海洋魚類在遊來遊去，而且還有「美人魚」在遊來遊去。「美人魚」由美麗的少女扮演，而且是由美麗的烏克蘭花樣游泳女運動員扮演。「美人魚」不僅長得漂亮，而且在海族箱裡與海洋魚類共舞，姿態優美，令人嘆為觀止。孩子們被「美人魚」吸引了，為之著迷；大人們也被「美人魚」吸引了，為之著迷。人們看著眼前這些歡快地遊來遊去的「美人魚」，不禁聯想起童話世界裡的美人魚，以及那美麗而憂傷的故事，一時間，神採飛揚，恍然如夢。這就是典型的體驗消費。

資料來源：筆者整理

筆者簡評：由深圳海族館的「美人魚」項目，我們不難看出體驗經濟的廣闊發展空間，不難看出發展體驗經濟的深遠意義。其一，體驗經濟的本質核心是創新，而創新是多方面的，創新是無止境的；其二，伴隨著體驗經濟的發展，企業的市場在拓展，消費者群體在擴大，經濟效益在攀升；其三，伴隨著體驗經濟的發展，體驗消費發展起來了，消費者的體驗消費需要得到滿足，消費結構得到優化，消費層次得到提升，消費水平得到提高；其四，伴隨著體驗經濟的發展，國家的產業結構得以優化升級，經濟活力得以增強，財政稅收得以增加；其五，伴隨著體驗經濟的發展，體驗類從業人員的就業空間擴大，收入水平提高，消費需求增強，自身素質提高；其六，伴隨著體驗經濟和體驗消費的發展，人的自由而全面發展的途徑增多、空間拓展，從而更有利於社會文明和社會進步。

4.4.2.2 推出特色和個性

社會經濟越發達，收入水平越高，人們就越注重追求產品和服務的個性化和顧客定制化，越重視產品和服務的個人體驗與感受；就越需要消費方式從大眾化的標準化消費轉向「一對一服務」甚至「多對一服務」基礎上的個性化消費，以更加個

性化、人性化的消費來實現自我。同時，這種新型的個性化生活體驗又會以前所未有的廣度滋養人們的個人主義傾向，促使他們更加追求個性化的自主生活，更加追求個體的獨特性、心理自主和消費過程的自主，渴望企業組織為他們提供深度支持與服務，這正是個性化服務和體驗消費發展的必要條件。

　　消費者追求個性化、特色化的體驗，就是對工業化大生產相對應的標準型、規格化生活和消費方式的變革。[①] 生產經營者應該根據消費者的個性化需求，提供與眾不同的富有特色和個性的產品和服務，才能使消費者獲得深刻而難忘的體驗，這是最根本的。模仿意味著產品的同質化程度越來越高，意味著惡性競爭的加劇。所以市場自然而然逼著大家尋求一條生路，這條生路就是創新，就是要追求主題，追求特色。[②] 個性化量身定制是體驗經濟的必由之路，並統領著體驗經濟的運行。量身定制的最大特點就是差別化，可以保證每一位消費者的滿意和個別價值的最大化，帶給消費者以自豪的、難忘的體驗。如果企業既按照特定消費者的具體要求進行量身定制，同時又讓消費者參與產品的創造，使其個性化需要在其定制的產品中得以體現，那麼，消費者就會因為參與設計、實現消費目標、形成美好的記憶而獲得更加難忘的體驗。

　　越是個性化的東西，越容易成為典型，越是具有典型性的鮮明特色，越容易獲得消費者的青睞，贏得更廣泛的市場。生產廠商可以在堅持專業化和特色化的前提下，提供標準化、模塊化的產品或服務，任由消費者自主選擇、自主搭配和組合，以盡量滿足其個性化需要。這就好比生產各種各樣顏色形狀的標準化積木，不同的積木組合可以形成不同的模型。由於生產廠商提供的是標準化、模塊化的產品或服務，因而既為消費者

---

① 權利霞. 體驗消費與「享用」體驗 [J]. 當代經濟科學, 2004 (2): 79.
② 魏小安. 中國休閒經濟 [M]. 北京: 社會科學文獻出版社, 2005: 342.

的自主選擇和組合提供了可能和便利，又不會導致自身的生產營運成本大幅提高。這樣，就能在比較經濟的成本控製的前提下，實現一定範圍內的個性化。

例如，美國通用汽車公司提供「自己組裝」汽車的個性化產品和服務，用戶可以在汽車銷售陳列廳的計算機終端前設計自己所喜歡的汽車模型：從大量可供選擇的方案中就款式、車身、顏色、玻璃、音響、輪胎、發動機、變速器、座椅面料及顏色等方面作出具體選擇和調整，直到滿意為止。然后通過互聯網將該配置方案輸入汽車公司信息中心，由電腦對信息進行處理，並控製汽車生產線，使同一生產線源源不斷地生產出不同顏色、不同款式、不同配置的汽車。這樣，消費者既體驗了參與和創造的樂趣，又充分滿足了自己的個性化需求。

必須強調指出的是，特色鮮明、個性突出是體驗消費存在和發展的前提條件，而國際化、標準化和同一化是體驗消費的「死敵」。全世界都吃肯德基、麥當勞，全世界都喝星巴克咖啡，體驗消費必然消亡。在交通通信技術快速發展、經濟文化交流日益頻繁的時代背景下，國際化、標準化、同一化已成為一種趨勢。在這種情況下，尤其有必要對地域文化加以歸納提煉，突出表現民族地域的個性特徵和人文魅力，標民族之新、立地域之異，保持地方特色產品的獨特魅力和鮮明個性。維護好民族文化的獨特性，才能實現世界文化的多樣性，為體驗消費的發展營造良好的環境。

4.4.2.3 調整專業化和市場細分

體驗經濟要突出特色和個性，千方百計滿足消費者的個性化需要。但對於某個特定的生產廠商來說，試圖去滿足所有消費者的所有個性化需要，不僅是不可能做到的，也是完全沒有必要的。消費者的多樣化需要和個性化需要應該由多家生產廠商去滿足。對於特定的生產廠商來說，應該集中自己的有限資

源，致力於創造和提供具有鮮明特色和個性化的消費對象，滿足某一類消費者的某一方面的個性化需要。也就是說，它應該在認真進行市場調研的基礎上，走專業化和市場細分的路子，力圖使自己提供的消費對象新奇獨特、別具一格，與其他生產廠商所提供的消費對象具有明顯的差異性和獨特性，這樣才能使消費者產生陌生感、新鮮感和新奇感，獲得深刻難忘的消費體驗。

案例 4 - 13：富有特色的博物館和文化街[①]

我去年在北京買了一個博物館的套票，看了幾十個博物館，看得津津有味，沒想到北京還有這麼多好東西。很多博物館真是小巧玲瓏，非常精致，看完了也覺得很有收穫。例如，我看了一個古陶博物館，其中最有特點的是封泥——古代官印使用的泥，封泥有獨特的功能。這個博物館收藏了 2000 多方封泥，我實在沒有想到，這麼一個東西也能變成一個博物館，但是感覺很好。

上海虹口區多倫路，這是一條旅遊文化街，這條街很有味道。突出的特色，一是作家，在那條街上充分展示了中國近代史上很多名作家的遺跡；二是民間收藏，上海有很多人愛好收藏，現在騰出了半條街的位置，給這些民間收藏家每人設一個館，這個館是筷子館，那個館是算盤館，這些民間收藏家也很高興，因為他們收藏的東西可以展現了；三是老電影，在咖啡館可以點放。這條街的文化氣息非常濃，而且非常有特色。

筆者簡評：為什麼人們參觀北京博物館、上海旅遊文化街會「感覺很好」、「很有味道」、「很有收穫」呢？原因是它們堅持專業化和市場細分，古陶博物館專門收藏封泥，筷子館專門

[①] 魏小安. 中國休閒經濟 [M]. 北京：社會科學文獻出版社，2005：290 - 320.

收藏筷子。算盤館專門收藏算盤，非常專一，非常獨特，出乎人們的意料之外，「沒想到」、「實在沒有想到」，當然能給人以深刻的體驗。

4.4.2.4 展示新異的生活方式

體驗消費存在和發展的理由在於，人們渴望在簡單重複、平淡乏味的消費生活中注入一些新鮮感和新奇感，渴望嘗試和體驗一些新奇刺激的東西。很顯然，除了富有鮮明特色的新奇刺激的消費對象以外，全新的或陌生的生活方式更是消費者非常感興趣、非常渴望嘗試和體驗的東西。體驗消費從根本上來說，是尋求體驗一種差異化、特色化的新異的生活方式和生活形態。體驗經濟應該致力於介紹和展示其他國家、其他地區、其他民族、其他時代等新奇獨特、富有情趣的生活方式，打造消費者參與和體驗這些全新的生活方式的平臺，這應該成為體驗經濟發展的主要方向。例如，鄉土氣息濃厚的農村生活，歷史積澱深厚的古代生活，神祕獨特的少數民族生活，時尚現代的歐美生活等。事實上，消費者在體驗和感受某一種陌生的生活方式時，同時也在體驗和感受著與這種陌生的生活方式相關的體驗式消費對象和體驗式消費環境，因而所獲得的是一種複合型的新奇體驗。

展示新異的生活方式，首先要根據本地擁有的自然、人文、歷史資源，從文化的本土化特色中挖掘並構建獨特的體驗主題。其次要從豐富體驗類型、增加體驗深度兩方面著手，設計豐富、生動的體驗項目，增強參與性、互動性、趣味性、娛樂性。最後要充分利用獨特的體驗資源搭建富有特色的體驗場景和舞臺，營造「真實」、「感人」的體驗氛圍。例如，江西萬年縣稻作文化的旅遊開發，以「體驗農耕生活，品位稻作文化」為主題，設計「當一天農民」、「過一天農耕生活」、「吃一餐萬年貢米飯」等體驗活動項目，挖掘富有地方特色的跳腳龍燈、抬閣隊、

狩獵舞、收割舞、草裙舞、蚌殼舞等民間表演藝術,推出反應當地節令習俗的社戲表演、米糖打制、米酒釀造、紡紗織布、爬樹摘果等農民生活展示項目,設計原始古樸的農家屋、遍布野生稻的農耕活動場所和鄉土氣息濃鬱的民俗演示場景。①

4.4.2.5 發揮廣告品牌效應

現代廣告在人們的消費中起著重要的催化作用與示範效應,對於推動流行、時尚與新潮起了推波助瀾的作用,激發了人們的體驗消費熱情,誘導甚至支配著人們的體驗消費行為。廣告品牌效應往往與明星效應聯繫在一起,可以賦予產品和服務以文化內涵,使其具有鮮明個性和人格魅力,富有想像的空間。消費者很容易把自己與廣告明星聯繫在一起,從而具有了心理情感上的幻化體驗性。例如,倘若手機沒有品牌宣傳,沒有形象代言人,則手機只是一種通信工具而已,各個廠商所生產的手機只能從質量、性能、服務等方面相互區別開來。但通過影視明星的形象代言和廣告宣傳,不同廠商所生產的手機似乎不再只是一種通信工具,而是宛如影視明星本人一樣,個性鮮明,魅力四射。「玉米」粉絲們為什麼爭相購買「超女」李宇春所代言的手機呢?因為粉絲們崇拜李宇春,因而「愛屋及烏」,喜愛她所代言的手機。在這裡,手機已經不再只是手機,而是李宇春的幻化物,包含了自我與李宇春的形象感受。擁有和使用李宇春代言的手機,仿佛腦海中就會出現李宇春的動感形象,耳朵邊就會回蕩李宇春的醉人歌聲,在粉絲們遐想的意念世界裡,李宇春仿佛就在自己的身邊和眼前。這種現實與想像、心理與情感交融的消費,引致聯想甚至幻覺的消費,就是典型的體驗消費。當然,我們既要充分發揮廣告品牌效應在體驗消費中的積極作用,又要防止不文明不健康的廣告對體驗消費的欺

---

① 黃平芳,胡明文.體驗經濟時代的文化旅遊及其開發取向:以稻作文化的旅遊開發為例 [J]. 農業經濟,2008 (1):69-70.

騙誘導作用，要堅決杜絕虛假廣告，防止上當受騙。

案例 4-14：OPPO MP4 的廣告

OPPO MP4 的廣告，令人印象極為深刻，浮想聯翩：

廣告女主角是人稱「韓國第一美女」的金喜善，一身村姑裝束，嫵媚動人又不失清麗淳樸。

海濱、沙灘、MP4，海風輕拂，戀人相依，令人陶醉。

海族館裡，兩條魚兒越遊越近，一對戀人相對而視，含情脈脈，嘴唇越靠越近。

夜晚，紫紅色的焰火衝天而起，在空中綻放成巨大的心形，焰火下，一對戀人相依相偎。

MP4，液晶顯示屏，心儀的戀人，往日歡笑的情景……男士沉浸在甜蜜的遐想之中。

「嘟嘟」！男士回頭，驚喜地發現，心儀的戀人，靚麗的名車，已在眼前！

畫外音：「我的夢想世界，OPPO MP4！」

資料來源：筆者整理

筆者簡評：OPPO MP4 廣告，帶給人們的是放鬆的心情、年輕的浪漫、夢幻的戀情、美好的生活品質、愜意的生活享受以及強烈的視覺衝擊和感情震撼。看過 OPPO MP4 廣告的人，不免怦然心動，心向往之；擁有和使用 OPPO MP4 的人，一方面在感受 OPPO MP4 的高品質，另一方面在回味和想像廣告中的美麗戀情，夢幻情境，仿佛自己已然是那幸福的戀人中的一個。這就是典型的體驗消費。

4.4.2.6 突出體驗消費對象的六個特性

由於體驗消費的新奇刺激性與體驗消費對象的新奇獨特、別具一格的特徵直接相關，而體驗消費對象的新奇獨特、別具一格又具體表現為自然性、歷史性、異域性、文化性、科技性、新潮時尚性六大特性。因此，體驗消費對象的生產供給原則，

最終必然要落腳到創造和提供新奇獨特、別具一格的消費對象，也就是具有六大特性的體驗式消費對象。例如，對於體驗式自然景觀，要保持和突出其自然性特徵。對於體驗式人文景觀和體驗式民俗文化，要保持和突出其歷史性、異域性、文化性特徵。對於體驗式產品、體驗式服務、體驗式電腦網絡、體驗式主題項目活動和體驗場，則要強調和突出其異域性、文化性、科技性、新潮時尚性等特徵。

例如，在進行旅遊文化建設和旅遊資源開發時，要注意以當地社會文化環境為背景，突出濃厚的地域風格，展示區別於旅遊客源地的特色，創造旅遊客體獨樹一幟的地域文化。[①] 在開發民族飲食時，要做到地方特色鮮明、鄉土氣息濃鬱，唯我獨有、唯我獨優，這樣才有頑強的生命力。要使用當地原汁原味的材料，採用民間傳統的加工烹制方法，提供具有民族風情的就餐環境，營造濃鬱的民族文化意境，充分體現當地民族的風土人情，突出樸實無華的農家風味，自然本味、田園風味的特點。唯有如此，才能使來自異鄉、異族、異國的遊客產生強烈的反差和觸動，有效地刺激其體驗消費的慾望。

案例 4-15：原生態民族音樂

2006 年央視歌手大獎賽，四川音樂憑藉「原生態」阿爾麥組合、扎西尼瑪和羌族多聲部組合，讓評委眼睛一亮。央視《2006 中國民族民間歌舞盛典》，四川「原生態」再次成為焦點，雅安市寶興縣「原生態」多聲部演唱組徵服了全國觀眾。2006 年 11 月，一臺由雲南省打造的大型原生態民族音樂集錦《雲嶺天籟》，在北京開始了巡演。《雲嶺天籟》由序幕、「山歌」、「情歌」、「神歌」、「酒歌」以及尾聲六部分組成，涵蓋了 15 個雲南少數民族的 23 首「原生態」或用「原生態」元素創

---

① 孫全治，林占生．旅遊文化 [M]．鄭州：鄭州大學出版社，2006：14.

作的民歌。2006年央視青年歌手大獎賽「原生態」演唱金獎獲得者李懷秀、李懷福姐弟領銜的《海菜腔》，被濃墨重彩地打造成音樂會的看點之一，它與藏族民歌《春牆歌》、納西族民歌《窩熱熱》等，共同映射出雲南音樂原始自然的生命形態。

資料摘自：張珏娟. 四川賺「吆喝」雲南搶「市場」[N]. 四川日報，2007-1-15：06.

4.4.2.7 採取巡展、租賃等新經營模式

所謂巡展模式，通俗地說就是「打一槍換一個地方」，在世界上不同國家、不同地區、不同城市之間週期性地巡迴移動展示，在某個地方巡展一段時間，再移動到下一個地方巡展一段時間，在每一個地方都只停留一段時間。經營者可以在人們對於該巡展的陌生感、新鮮感和新奇感消失之前，結束在該地的展示活動，並轉入下一個地方繼續巡展。因而，巡展模式能以不變應萬變，帶給不同地方的人們以新奇的體驗。例如，聞名世界的環球嘉年華是規模定制的產物，其運作模式以及遊藝節目的種類選擇配置和結構方式，是相對固定的，其目標消費者群體和目標細分市場是非常明確的。環球嘉年華採用了世界巡迴移動展示的模式，運作相當成功，受到了不同國家和地區消費者的熱烈歡迎。

所謂租賃模式，主要是針對產品型體驗消費而言的。就產品型體驗消費而言，如果消費者購買體驗式產品並對其擁有產權，那麼消費將在相當一段時間內重複進行。而隨著消費次數的增加，消費者對於該體驗式產品的陌生感、新鮮感和新奇感將很快減弱，獲得的消費體驗將很快減少。在這種情況下，體驗消費將很快轉變成常規消費。如果消費者不斷購買、不斷更換新的體驗式產品，當然可以不斷獲得新奇的消費體驗。但是這種「用了即換」的產品型體驗消費，對於消費者來說成本代價過高，在經濟上是不合算的。如果採取租賃消費方式，就是

說，消費者不是購買而只是租賃體驗式產品，不是對體驗式產品擁有所有權，而只是對其擁有特定的使用權。那麼，消費者就可以在對某一特定體驗式產品的陌生感、新鮮感和新奇感消失之前，更換和租賃其他的體驗式產品進行消費，就可以不斷更換、不斷租賃新的體驗式產品進行消費。這樣一來，消費者不僅可以持續不斷地獲得新奇的消費體驗，而且還可以極大地降低體驗消費的成本代價，使之在經濟上趨於合算。從這個意義上說，租賃消費可以成為消費者進行體驗消費的重要方式，租賃模式可以成為生產經營者發展體驗經濟的重要模式。

5
體驗消費價值和滿意度分析

具有新奇刺激性的體驗消費，其體驗消費價值和滿意度具有什麼特殊性，其決定和影響的主要因素是什麼，發展變化具有什麼規律？這是本章需要重點解決的問題。

5.1 客戶價值理論回顧比較

載瑟摩爾（Zaithaml）認為，客戶價值實際上是客戶感知價值（Customer Perceived Value，CPV）。在一項探索研究中，載瑟摩爾根據客戶調查總結出感知價值的四種涵義：[①] ①價值就是低廉的價格。②價值就是從產品或服務中獲取的東西。③價值就是花錢買回的質量。④價值就是全部付出所能得到的全部。一些客戶在描述價值時，既考慮其付出的因素（時間、金錢、努力等），又考慮其得到的利益（產品、服務、信息等）。

載瑟摩爾將客戶對這四種感知價值的表達概括為一個全面的定義：客戶感知價值就是客戶對所能感知到的利益與其在獲取產品或服務時所付出的成本進行權衡後，對產品或服務效用的總體評價。這一概念包含著兩層涵義：首先，價值是個性化的，因人而異，不同的客戶對同一產品或服務所感知到的價值並不相同；其次，價值代表著一種效用與成本（代價）之間的權衡，客戶會根據自己感受到的價值做出購買決定，而絕不是僅僅取決於某一因素。

菲利普·科特勒從客戶讓渡價值和客戶滿意的角度來闡述

---

① 寶利嘉顧問．品牌體驗—價值和關係的成長［M］．北京：中國經濟出版社，2003：74．

客戶價值。① 所謂客戶讓渡價值（Customer Delivered Value）是指總客戶價值與總客戶成本之差。總客戶價值（Total Customer Value）就是客戶從某一特定產品或服務中獲得的一系列利益，包括產品價值、服務價值、人員價值和形象價值等。總客戶成本（Total Customer Cost）是指客戶為了購買某一特定產品或服務所耗費的時間、精神、體力以及所支付的貨幣資金等，包括貨幣成本、時間成本、精神成本和體力成本。

菲利普·科特勒認為，在一定的搜尋成本和有限的知識、靈活性和收入等因素的限定下，客戶是價值最大化的追求者。在選購產品時，客戶往往從價值與成本兩方面進行比較分析，總希望把有關成本，包括貨幣、時間、精神和體力等降到最低限度，同時又希望從中獲得更多的實際價值，即以客戶讓渡價值最大的產品作為優先選購的對象，以使自己的需要得到最大限度的滿足。因此，企業要在競爭中戰勝競爭對手，吸引更多的潛在客戶，就必須以滿足客戶的需要為出發點，或增加客戶所得利益，或減少客戶消費成本，或兩者同時進行，向客戶提供比競爭對手具有更多客戶讓渡價值的產品。

格隆羅斯從關係營銷的角度闡述客戶價值，認為在關係範疇中，提供物同時包含核心產品和各種類型的附加服務，代價包括價格和關係成本。考察客戶價值的方法是區分提供物的核心價值與關係中額外要素的附加價值。關係範疇中的客戶感知價值可以表述為兩個公式：②

客戶感知價值（CPV）＝（核心產品＋附加服務）／（價格＋關係成本）

---

① 菲利普·科特勒. 營銷管理［M］. 王永貴，譯. 北京：中國人民大學出版社，2001：43.
② 孫鳳華. 基於營銷變革顧客價值研究［D］. 天津：天津財經大學碩士論文，2003：9.

客戶感知價值（CPV）＝核心價值±附加價值

寶利嘉團隊發現，價值的存在與否不取決於「付出與獲得的比較」，但是客戶決定是否和企業交易則真正是取決於「付出與獲得的比較」。付出與獲得的概念包括的不僅僅是基本的貨幣和核心產品或服務。在與企業進行交易時，客戶可能付出的成本包括貨幣、時間、精力和努力以及心理成本。除了這些，很多因素還增加了感官成本——容忍噪音、擁擠、不舒適的座椅，或者互動的物理環境中其他不好的因素。①

特里·A. 布里頓（Terry A. Britton）和戴安娜·拉薩利（Diana LaSalle）借用心理學家的研究成果，認為人的行為方式可以分為四個層次，即生理層次、情感層次、智力層次和精神層次，消費者願意從這四個層次體驗生活。消費者在消費某一產品或者服務時，需要付出成本——時間、貨幣、體力、精力和情感等，同時，他們也期望得到相應的回報——價值。通常，成本會減少體驗的價值，收益會增加體驗的價值，體驗過程中的每一個細節都會影響消費者的價值體驗。②

通過上述回顧與比較，我們不難發現市場營銷學者有關客戶價值理論的主要代表性觀點之間的共同之處：

（1）採用 A 減 B 的思維模式來表示客戶價值（或稱之為「客戶感知價值」，「客戶讓渡價值」）的大小。

（2）A 表示客戶從特定的產品或服務中所獲得的效用（或稱之為「價值」、「利益」、「回報」），主要包括產品價值、服務價值、人員價值和形象價值等。B 表示客戶為獲得特定的產品或服務所付出的成本（或稱之為「代價」），主要包括貨幣成

---

① 寶利嘉顧問. 品牌體驗——價值和關係的成長 [M]. 北京：中國經濟出版社，2003：84.

② 特里·A. 布里頓，黛安娜·拉薩利. 體驗—從平凡到卓越的產品策略 [M]. 北京：中信出版社，2003：176.

本、時間成本、精神成本、體力成本、關係成本等。

（3）提高客戶價值的主要方法，一是增加客戶所獲得的效用A，二是減少客戶所付出的成本B，三是既增加客戶所獲得的效用A，同時又減少客戶所付出的成本B。

（4）客戶價值大小取決於主體的心理感知和主觀評價，因人而異，具有主觀性和個體性特徵。

考慮到體驗消費的特殊性，我們分析研究體驗消費價值，可以參考借鑑上述有關客戶價值理論的研究思路。

5.2　體驗消費價值分析

5.2.1　體驗消費價值的內涵

所謂體驗消費價值，是指消費者通過體驗消費實踐活動所獲得的一種總體價值，是消費者對體驗消費總效用與體驗消費總成本進行綜合權衡後形成的一種總體心理評價，體驗消費價值具體由體驗消費總效用與體驗消費總成本的差距大小來衡量和決定。

體驗消費價值與客戶價值的不同之處在於：①體驗消費價值是基於消費者的視角，而客戶價值是基於市場營銷者的視角；②體驗消費價值特指消費者在體驗消費過程中，通過體驗消費實踐所獲得的價值，其外延比客戶價值小，相當於「客戶體驗價值」；③影響體驗消費價值大小的關鍵因素是體驗消費總效用中的體驗效用，這是體驗消費價值的特殊性所在，也是它與客戶價值的根本區別所在。

體驗消費價值可以採用函數形式表達如下：

體驗消費價值＝f｛體驗消費總效用－體驗消費總成本｝

根據體驗消費價值的定義和函數表達式可知，一般情況下，體驗消費價值的大小由體驗消費總效用與體驗消費總成本的差距大小決定，呈同方向變化，具體來說有三種情況：①體驗消費總效用大於體驗消費總成本，此時體驗消費價值為正，差距越大，則體驗消費價值越大。②體驗消費總效用等於體驗消費總成本，此時體驗消費價值為零。③體驗消費總效用小於體驗消費總成本，此時體驗消費價值為負，差距越大，則體驗消費價值越小。

根據體驗消費價值的函數表達式不難得出以下結論：

（1）在體驗消費總成本不變的情況下，體驗消費價值隨著體驗消費總效用的增加而增加，隨著體驗消費總效用的減少而減少，兩者同方向變化。

（2）在體驗消費總效用不變的情況下，體驗消費價值隨著體驗消費總成本的增加而減少，隨著體驗消費總成本的減少而增加，兩者反方向變化。

（3）在其他條件不變的情況下，如果體驗消費總效用增加，同時體驗消費總成本減少，則體驗消費價值將會增加；反之，如果體驗消費總效用減少，同時體驗消費總成本增加，則體驗消費價值將會減少。

（4）如果體驗消費總效用增加，同時體驗消費總成本也增加，並且前者增加的幅度比後者增加的幅度大，則體驗消費價值將會增加；反之，如果前者增加的幅度比後者增加的幅度小，則體驗消費價值將會減少。

（5）如果體驗消費總效用減少，同時體驗消費總成本也減少，並且前者減少的幅度比後者減少的幅度小，則體驗消費價值將會增加；反之，如果前者減少的幅度比後者減少的幅度大，則體驗消費價值將會減少。

上述分析表明，導致體驗消費價值增加的原因有五種，導

致體驗消費價值減少的原因也有五種。

5.2.2 體驗消費總效用分析

5.2.2.1 體驗消費總效用的構成

在常規消費中，消費者主要關注的是消費對象的功能、質量、品牌、檔次和符號意義，主要追求的是消費的功能效用、質量效用、情感效用、形象效用和關係效用。但在體驗消費中，消費者主要關注和追求的是新奇刺激的體驗效用，滿足的是心理和情感上層次更高的體驗消費需要。體驗消費的根本目的是獲得新奇的消費體驗，體驗效用在消費效用中居於核心地位，體驗效用的大小是決定體驗消費價值大小的根本因素。

如圖5-1所示，體驗消費總效用按其來源性質，主要包括自然景觀體驗效用、人文景觀體驗效用、民俗文化體驗效用、產品體驗效用、服務體驗效用、電腦網絡體驗效用、主題項目活動體驗效用和體驗場體驗效用。

5.2.2.2 體驗消費效用的影響因素分析

近三百年來，國內外學者曾給予「效用」以多種解釋:[1] 英國著名古典經濟學家亞當·斯密認為，價值一詞有兩個意義，一種是表示交換價值，另外一種是表示特定產品的效用，這種效用就是使用價值。法國經濟學家讓·巴蒂斯特·薩伊把物品滿足人類需要的內在力量叫做效用。英國功利主義哲學家、法學家和經濟學家邊沁認為，效用就是體驗，是對於快樂和痛苦的體驗。英國經濟學家西尼爾認為，效用指的只是事物與人們的痛苦與愉快的關係，來自對各個物體的痛苦和愉快的感受。邊際效用學派的代表人物之一、英國的杰文斯把效用定義為凡能引起快樂或避免痛苦的事物，認為效用源於快樂，並由幸福

---

[1] 權利霞. 體驗經濟——現代企業運作的新探索 [M]. 經濟管理出版社，2007: 67-70.

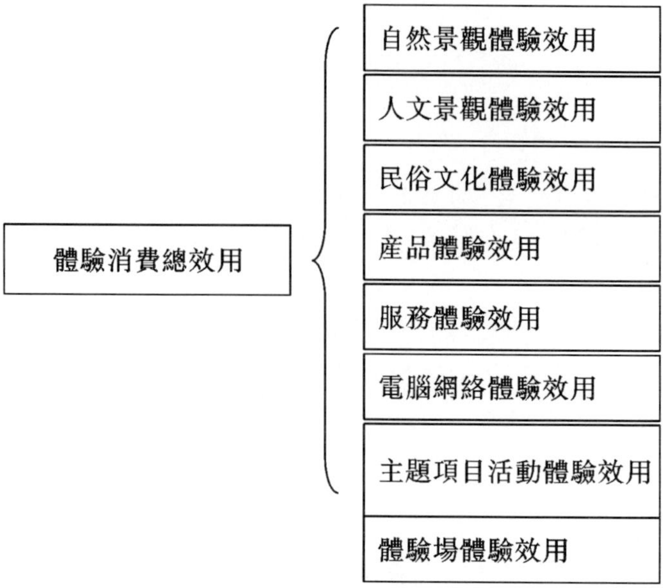

```
體驗消費總效用 ┤ 自然景觀體驗效用
              │ 人文景觀體驗效用
              │ 民俗文化體驗效用
              │ 產品體驗效用
              │ 服務體驗效用
              │ 電腦網絡體驗效用
              │ 主題項目活動體驗效用
                體驗場體驗效用
```

圖 5-1　體驗消費總效用的構成

增加的程度來計算。英國劍橋學派的創始人馬歇爾把效用當做與願望、慾望或需要相關聯的名詞。美國經濟學家薩繆爾森認為，效用是人的一種主觀心理狀態，是一個人從消費一種物品或服務中得到的主觀上的享受和有用性。中國學者葉航在加里·貝克爾、阿馬蒂亞·森等提出的效用函數的基礎上，吸收古典、新古典廣義效用的內核，把效用界定為行為主體在實現自身需要的任一行為過程中所獲得的心理和生理上的滿足狀態。

可見，效用概念既與對象的客觀功能和使用價值相聯繫，具有明顯的客觀性特徵，同時又與人的心理感受和評價相聯繫，具有明顯的主觀性特徵，越來越主觀心理化是效用概念發展的明顯趨勢。在本文中，體驗效用特指消費體驗效用，是指消費者在體驗消費過程中因為新奇刺激的消費體驗而獲得的心理和生理上的滿足狀態。體驗效用既與體驗消費對象本身所具有的新奇特徵相聯繫，具有明顯的客觀性特徵，同時又與體驗消費

者的心理感受和評價相聯繫，具有明顯的主觀性特徵。

體驗效用的大小與消費體驗的新奇刺激程度密切相關，消費體驗越新奇越刺激，則消費者所感受到的體驗效用越大；反之則越小，兩者呈同方向變動的關係。而影響消費體驗新奇刺激程度的因素，主要可以從消費者和消費對象兩個角度進行分析。在其他條件不變的情況下，消費者的陌生程度越高，則消費體驗的新奇刺激程度越高；反之則越低，兩者呈同方向變化的關係。在其他條件不變的情況下，消費對象的獨特程度越高，則消費體驗的新奇刺激程度越高；反之則越低，兩者呈同方向變化的關係。體驗效用的主要影響因素見圖5-2所示。

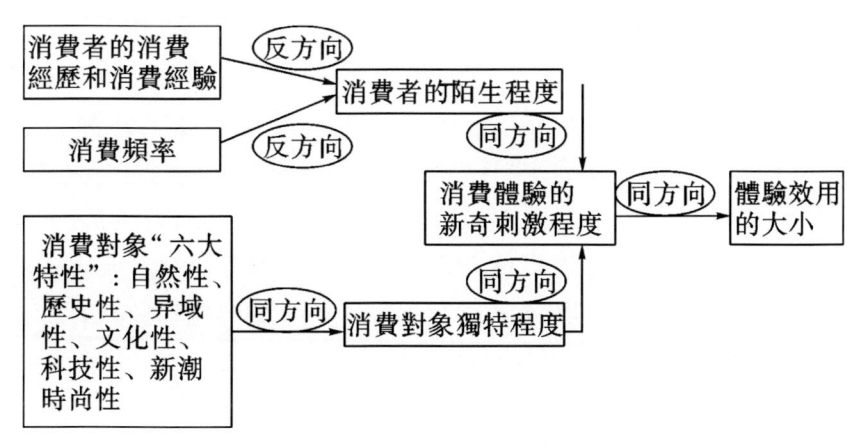

圖5-2　體驗效用的主要影響因素

（1）消費者對於消費對象（含消費環境，下同）的陌生程度。

一是消費者的陌生程度與其自身的消費經歷和消費經驗反方向變化。顯然，消費者對於某些消費對象越是缺乏相關的消費經歷和消費經驗，則他們在消費過程中的陌生感和新奇感就會越強烈，體驗效用就越大；反之，消費者相關的消費經歷和消費經驗越豐富，則他們對於某些消費對象就會越熟悉，新鮮

感和新奇感就會越弱，體驗效用就會越小。

二是消費者的陌生程度與其消費頻率反方向變化。所謂消費頻率，是指在某一特定的時期之內，消費者消費特定消費對象的次數。一般說來，消費頻率的大小與消費對象的所有權歸屬有關，與消費對象的匹配度也有關。如果消費對象屬於消費者本人所擁有，那麼其消費頻率相應較高。如果消費對象不屬於消費者本人所擁有，那麼消費的可能性就較小，從而消費頻率相應較低。如果消費對象與消費者本人的身分地位不相匹配，消費時有可能招致周圍人們的非議，那麼消費頻率會降低；反之，如果消費對象與消費者本人的身分地位相匹配，消費時能夠得到周圍人們的肯定乃至讚譽，那麼消費頻率會提高。

顯然，在某一特定的時期之內，消費者對於特定消費對象的消費次數越多、消費頻率越高，則他們的陌生感和新奇感就會越少，體驗效用就會越小；反之，在某一特定的時期之內，如果消費者對於特定消費對象的消費頻率很低，消費間隔時間很長，那麼，他們的陌生感和新奇感就會增強，體驗效用就會增加。眾所周知的邊際效用遞減規律在體驗消費中表現得尤為突出。在某一特定的時期之內，隨著消費者對某一特定消費對象的消費連續增加，他對於該消費對象的陌生感、新鮮感和新奇感會急遽下降。因而，他從該消費對象中所獲得的邊際體驗效用不僅趨於遞減，而且呈急遽下降的趨勢，這可以稱之為邊際體驗效用急遽遞減規律。根據西方經濟學原理可知，消費者在初次消費中所獲得的邊際體驗效用最大，當邊際體驗效用為正時，體驗總效用增加，但增加的幅度下降；當邊際體驗效用為零時，體驗總效用最大；當邊際體驗效用為負時，體驗總效用減少。當然，現實生活中具體的體驗消費情況遠比這複雜。

(2) 消費對象本身的新奇獨特程度。

前文已經分析指出，體驗消費對象主要包括體驗式自然景

觀、人文景觀、民俗文化、產品、服務、電腦網絡、主題項目活動和體驗場八大類型。體驗消費之所以具有新奇刺激性，一個根本原因在於體驗消費對象新奇獨特、別具一格，這主要表現為自然性、歷史性、異域性、文化性、科技性和新潮時尚性「六大特性」。顯然，體驗消費對象的新奇獨特程度與其「六大特性」之間呈同方向變化的關係。體驗消費對象本身越是新奇獨特、別具一格，越是與常規的、普通的消費對象形成鮮明的對比和強烈的反差，其「六大特性」表現得越是突出，則消費者的陌生感和新奇感就越強烈，消費體驗就越深刻，體驗效用就越大；反之，體驗效用就越小。

如果以消費者對於消費對象的熟悉程度或陌生程度為橫軸，以消費對象本身的普通程度或獨特程度為縱軸，我們可以得出體驗效用四象限圖，如圖5-3所示。

	獨特	
熟悉	新奇刺激程度較低 體驗效用較小	新奇刺激程度高 體驗效用大	陌生
	新奇刺激程度低 體驗效用小	新奇刺激程度較高 體驗效用較大	
	普通	

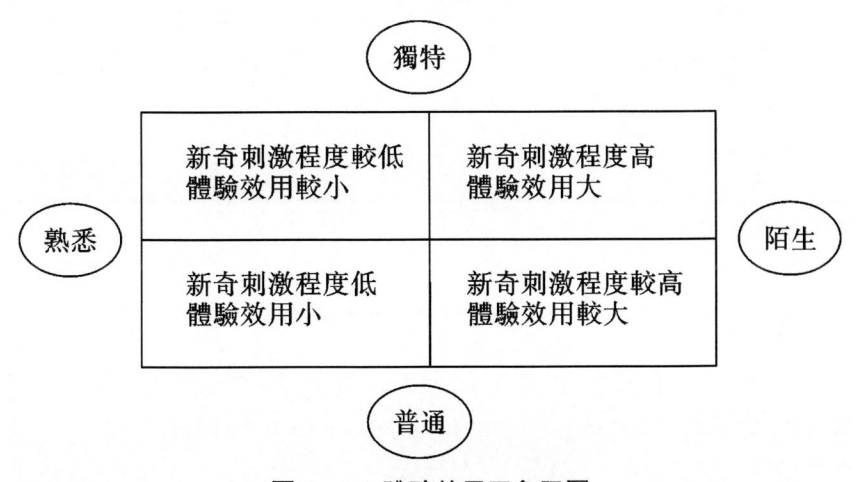

圖5-3　體驗效用四象限圖

在體驗效用象限圖中，

（1）右上方象限表示消費對象本身很新奇很獨特，與常規的、普通的消費對象具有鮮明的對比和強烈的反差；同時消費者缺乏相關的消費經歷和消費經驗，對於消費對象很陌生，因

而消費過程中感受到的新奇刺激程度高，體驗效用大。

（2）左下方象限表示消費對象本身很平常很普通，與常規的、普通的消費對象沒有多少差別和差異；同時消費者具有相關的消費經歷和消費經驗，對於消費對象很熟悉，因而消費過程中感受到的新奇刺激程度低，體驗效用小。

（3）左上方象限表示消費對象本身很新奇很獨特，與常規的、普通的消費對象具有鮮明的對比和強烈的反差，但是消費者已經具有相關的消費經歷和消費經驗，對於消費對象較為熟悉，因而消費過程中感受到的新奇刺激程度較低，體驗效用較小。

（4）右下方象限表示消費對象本身很平常很普通，與常規的、普通的消費對象沒有多少差別和差異，但是消費者缺乏相關的消費經歷和消費經驗，對於消費對象較為陌生，因而消費過程中感受到的新奇刺激程度較高，體驗效用較大。

我們可以定義一個新奇度連續體，以體現消費者的新奇程度和體驗效用的大小，如圖5-4所示。

```
零新奇度                           百分百新奇度
─────────────────────────────────────────
零體驗效用                         百分百體驗效
常規消費                           用純體驗消費
```

圖5-4　新奇刺激程度與體驗效用

當消費者處於零新奇度狀態時，獲得的體驗效用為零，此時的消費為常規消費；當消費者處於百分百新奇度狀態時，獲得的體驗效用也為百分百，此時的消費為純體驗消費。大多數情況下，消費者處於上述兩個極端之間，具有程度不同的新奇感，能夠獲得程度不同的體驗效用和滿足。

5.2.2.3　體驗消費效用的不確定性和風險性

消費者在體驗消費過程中樂於嘗試、敢於嘗鮮，試圖尋求新奇刺激的體驗，然而，體驗消費的結果和效用如何，卻是不

確定的，具有一定的風險性。具體包括如下幾種情況：①消費者感覺非常新鮮和新奇，獲得了極大的體驗快樂和滿足，體驗效用非常大。②消費者感覺比較新鮮和新奇，獲得了較大的體驗快樂和滿足，體驗效用較大。③消費者感覺一般性的新鮮和新奇，獲得了一般性的體驗快樂和滿足，體驗效用一般。④消費者感覺不夠新鮮和新奇，獲得了較小的體驗快樂和滿足，體驗效用較小。⑤消費者感覺很普通、很平常，沒有獲得體驗快樂和滿足，體驗效用為零。⑥消費者感覺不適應、不舒服，甚至比較反感和噁心，獲得的是糟糕體驗、甚至是痛苦體驗，體驗效用為負。

體驗消費的結果和效用之所以具有不確定性和風險性，主要原因在於：

（1）體驗是一種主客觀交融的狀態，是一種情意匯合的境界，是一種物我兩忘的整合，它因人而異，因事而異，因時間與環境的不同而有所差異。對於同一情境，不同的人會有不同的體驗；即使是同一人，在不同心境下也會產生不同的體驗；體驗的產生常常是觸景而兀生，因情而突發的，具有不確定性①。

（2）體驗消費屬於嘗試型消費、嘗鮮型消費，在很多情況下屬於首次消費，消費對象是消費者未曾消費感受過的、或者是很少消費感受過的，消費者缺乏可參考的消費經驗，難以控製消費過程和消費結果，這會導致體驗消費的不確定性和風險性。

（3）如果體驗消費對象契合消費者的消費習慣和消費偏好，則消費者會感覺很舒服、很享受。如果體驗消費對象與消費者的消費習慣和消費偏好不一致，或者反差過大，則消費者可能

---

① 伍香平．論體驗及其價值生成［D］．武漢：華中師範大學碩士學位論文，2003：17.

會感覺不舒服，甚至會感覺很難受、很噁心，這不僅不能帶給消費者以極大的快樂和滿足，甚至還可能適得其反。例如，習慣於吃辣椒的湖南人到揚州遊玩，吃淮揚全席，確實挺新奇的，這對他來說確實是體驗消費。但是，淮揚全席偏甜的口味與他偏辣的口味是不一致的，因而，吃淮揚全席也很可能會令他感覺不爽。

（4）體驗消費之后，人們既可能獲得成功的、積極的、快樂的體驗，也有可能獲得失敗的、消極的、痛苦的體驗。例如，到某景區旅遊時受騙挨宰了，到某酒店用餐時服務員素質低、態度差，在這種情況下消費者也會獲得難忘的體驗，但卻是令人不快的甚至是憤怒的糟糕體驗。

正因為如此，人們對於體驗消費的態度並不是完全一致的，主要有以下幾種類型：

（1）先體驗后感覺漠然，再拒絕。原因在於體驗消費對象不符合本消費者本人的消費習慣或客觀條件，而且消費者的消費習慣也難以改變。

（2）先感覺漠然后體驗，再接受。原因在於體驗消費對象表面上沒有什麼稀奇，但本質上符合消費者的生理或心理需求。

（3）全盤接受。原因在於體驗消費對象直接符合消費者本人的個人情趣、消費習慣和心理偏好等。

（4）全盤否定。原因在於體驗消費對象與消費者本人的個人情趣、消費習慣和心理偏好等完全相悖。

（5）改造后接受。原因在於體驗消費對象經過適當地改造之后，可以與消費者本人的個人情趣、消費習慣和心理偏好等相符合。

5.2.3 體驗消費總成本分析

消費總成本主要由貨幣成本、時間成本和精力成本構成。

在一定的條件下，貨幣成本與時間成本和精力成本呈相互替代、此消彼長的關係，增加貨幣成本可以減少時間成本和精力成本的支出；反過來，增加時間成本和精力成本也可以減少貨幣成本的支出。一般說來，消費者是「理性的經濟人」，為了實現最大化的目標，他們總是從成本和效用兩個角度進行理性的權衡比較，追求消費成本一定情況下的消費效用最大化，或消費效用一定情況下的消費成本最小化。

但是在體驗消費這種特殊消費方式之中，體驗消費總成本卻表現出了自身獨有的新特點。體驗消費重在體驗和嘗試，樂在互動和參與，體驗本身就是目的，消費者甚至更加關注體驗消費過程而不是體驗消費結果。體驗消費過程需要消費者親身參與和經歷，這既需要花費時間又需要花費精力，並且體驗消費相對昂貴，需要付出更多的金錢。這就是說，人們進行體驗消費的貨幣成本增加了，時間成本和精力成本也增加了。例如，釣魚、摘果、種菜等是城市人體驗鄉村生活的一種最常見的形式。無論是釣魚，還是摘果、種菜，都需要人們親自動手，既要花費一定的時間，又要花費一定的精力體力，並且自己的「勞動成果」——釣上的魚、摘下的果、收穫的菜，其價格比超市裡現成的魚類、瓜果和蔬菜等的價格貴得多。

若以傳統的消費原則和標準來衡量，體驗消費成本全面增加，消費者的滿意度應該會隨之降低。但是現實的情況卻是，消費者沉迷陶醉於體驗消費過程之中，其樂融融，回味無窮。根本原因在於，體驗消費富有陌生感、新鮮感和新奇感，消費者可以收穫一份全新的體驗和感受，獲得心理或情感上全新的體驗和滿足，是有趣味、有價值的消費方式，多花一點時間、精力和金錢，在消費者看來是完全值得的。另外一個重要原因在於，體驗消費者一般屬於中高收入者，具有較強的貨幣支付能力，具有較多的可自由支配時間，他們對於貨幣成本的敏感

性較低，對於時間成本和精力成本的敏感性較高。而常規消費者特別是中低收入水平的消費者，對於貨幣成本的敏感性較高，對於時間成本和精力成本的敏感性較低。在常規消費者看來很大的貨幣成本，對於體驗消費者來說，可能根本算不了什麼成本，而花費時間成本和精力成本，乃是尋求新奇體驗的必要代價。從某種意義上說，在體驗消費者與常規消費者特別是中低收入水平消費者之間存在著體驗成本的「匯率」換算問題，體驗消費者所感受到的體驗消費成本特別是貨幣成本，只相當於常規消費者所感受到的體驗消費成本的 N 分之一。

5.3 顧客滿意理論回顧比較

根據 2000 版 ISO9000 標準[1]的定義，顧客滿意是指「顧客對其要求已被滿足程度的感受」。其註釋進一步指出：「顧客抱怨是一種滿意度低的最常見的表達方式，但沒有抱怨並不一定表明顧客很滿意」，「即使規定的顧客要求符合顧客的願望並得到滿足，也不一定確保顧客很滿意」。

美國學者韋斯卜洛克（Westbrook）和雷利（Reilly）在 1993 年提出了「顧客需要滿意程度模型」，認為顧客滿意感是顧客的消費經歷滿足其需要而產生的一種喜悅的心理狀態。產品和服務的實績越是滿足顧客的需要，顧客就越滿意；越不能滿足顧客的需要，顧客就越不滿意。

菲利普・科特勒認為：「滿意是指一個人通過對一個產品可

---

[1] 南劍飛，熊志堅．試論顧客滿意度的內涵、特徵、功能及度量［J］．世界標準化與質量管理，2003（9）．

感知的效果（或結果）與他的期望值相比較后所形成的感覺狀態。」① 它是一種顧客心理反應。在整個消費過程中，顧客不僅追求對服務的期望質量的滿意，而且追求對社會性和精神性的滿足（如品牌、美感、權威、地位、榮譽等的滿足）。

美國營銷學者奧利佛（Oliver）於 1980 年提出了「期望—實績」模型，該模型對顧客滿意的心理形成過程作了這樣的解釋：顧客在購買之前先根據過去經歷、廣告宣傳等途徑，形成對產品或服務特徵的期望，然后在購買和使用中感受產品和服務的績效水平，最後將感受到的產品（或服務）績效與期望進行比較判斷。如果感知績效超過顧客的期望（積極的不一致），顧客就會滿意；如果感知績效低於顧客的期望（消極的不一致），顧客就會不滿意；如果感知績效符合顧客的期望，則顧客既不會滿意也不會不滿意。

顧客期望是如何形成的呢？美國學者伍德洛夫（Woodruff）、卡杜塔（Cadotte）和簡金思（Jenkins）提出了「顧客消費經歷比較模型」，認為顧客會根據自己以往的消費經歷，逐漸形成三類期望：一是對最佳的同類產品或服務實績的期望，即顧客根據自己消費過的最佳同類產品或服務，預計即將消費的產品或服務的實績；二是對一般的同類產品或服務的期望，即顧客根據自己消費過的一般的同類產品或服務，預計即將消費的產品或服務的實績；三是對本企業產品或服務正常實績的期望，即顧客根據自己在本企業的一般消費經歷，預計即將消費的產品或服務的實績。「顧客消費經歷比較模型」表明，顧客會根據自己以往的消費經歷來評估目前所消費的產品和服務的實績，顧客在本企業或其他同類企業的消費經歷對他們期望與實績的比較過程都會產生顯著影響。

---

① 菲利普·科特勒. 營銷管理：分析、計劃、執行和管理 [M]. 梅汝和，等，譯. 上海：上海人民出版社，1999.

國內學者汪純孝等人對顧客滿意程度模型作了進一步的比較研究，認為顧客感知的服務實績與顧客滿意程度之間存在相互影響，顧客需要的滿足程度與顧客滿意程度之間也存在相互影響。服務性企業提高顧客感知的服務實績，可同時提高顧客的滿意程度和顧客需要的滿足程度；提高顧客需要的滿足程度，可提高顧客感知的服務實績和顧客的滿意程度；提高顧客的滿意程度，亦可提高顧客需要的滿足程度和顧客感知的服務實績。

通過上述回顧與比較，我們可以發現市場營銷學者有關顧客滿意理論的主要代表性觀點之間的共同之處：

（1）採用 A 減 B 的思維模式來表示顧客滿意程度（或稱之為「顧客需要滿意程度」）的大小。

（2）A 表示顧客在購買和使用中所實際感受到的產品或服務的績效（或稱之為「效果」），B 表示顧客在購買和使用之前對產品（或服務）的期望（或稱之為「期望值」）。

（3）顧客滿意程度取決於顧客對於產品或服務的感知績效 A 與期望 B 的比較判斷，如果感知績效 A 超過期望 B，顧客就會滿意，超過越多顧客就越滿意；反之，如果感知績效 A 低於期望 B，顧客就會不滿意，越低顧客就越不滿意；如果感知績效 A 等於或符合期望 B，則顧客既不會滿意也不會不滿意。

（4）顧客滿意是顧客的消費經歷滿足其需要而產生的一種喜悅的心理反應或心理狀態，具有主觀性。

考慮到體驗消費的特殊性，我們分析研究體驗消費滿意度，可以參考借鑑上述有關顧客滿意理論的研究思路。

5.4 體驗消費滿意度分析

5.4.1 體驗消費滿意度的內涵

所謂體驗消費滿意度，是指消費者因體驗消費經歷滿足其體驗消費需要而產生的一種心理喜悅的程度，是消費者對事前期望的體驗消費價值與實際感知的體驗消費價值進行評價判斷後形成的一種綜合心理反應，體驗消費滿意度具體由消費者實際感知的體驗消費價值與事前期望的體驗消費價值的差距大小來衡量和決定，兩者呈同方向變化。

體驗消費滿意度的函數表達式：

體驗消費滿意度＝f｛實際感知的體驗消費價值－事前期望的體驗消費價值｝

實際感知的體驗消費價值就是消費者在體驗消費過程中真切感受到的體驗消費價值。由於體驗消費存在著風險性和不確定性，所以消費者實際感知的體驗消費價值可能大於零也可能小於零。體驗消費的核心在於「體驗」，在於尋求新奇刺激、非同尋常的消費體驗。這決定了在體驗消費之前，消費者沒有相關的消費經歷，或者只有非常少的相關消費經歷，或者只是在很久以前曾經有過相關的消費經歷。否則，消費就沒有「陌生感、新鮮感和新奇感」了，就不是體驗消費了。體驗消費的特殊性決定了，事前期望的體驗消費價值的形成主要不能運用美國學者伍德洛夫（Woodruff）、卡杜塔（Cadotte）和簡金思（Jenkins）所提出的「顧客消費經歷比較模型」來進行解釋。在體驗消費之前，消費者對於體驗消費價值的期望主要來源於：生產經營者的各類宣傳廣告，親戚、朋友、同事、同學等的宣

傳介紹，以及自己非常有限的相關消費經歷。可以認為，在某一特定的時期和條件下，消費者事前期望的體驗消費價值是一個既定的量，並且大於零（如果小於零，消費者就不會去進行體驗消費了）。

5.4.2 體驗消費滿意度的決定分析

根據體驗消費滿意度的函數表達式，可以作出圖5-5。

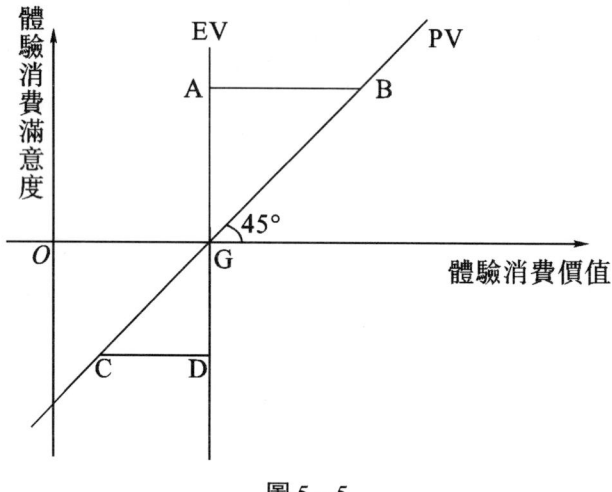

圖5-5

在圖5-5中，橫軸代表體驗消費價值，縱軸代表體驗消費滿意度。在橫軸上G點作一條橫軸的垂線EV，代表事前期望的體驗消費價值曲線；EV在原點O的右邊且與橫軸垂直，表示在某一特定的時期和條件下，消費者事前期望的體驗消費價值大於零，並且是一個既定的量。過G點作一條45°線PV，代表實際感知的體驗消費價值曲線。PV向右上方傾斜，表示體驗消費滿意度與消費者實際感知的體驗消費價值量的變動[1]呈同方向變

---

[1] 參照西方經濟學對於需求量變動與需求變動的界定，體驗消費價值量的變動表現為同一條體驗消費價值線上點的移動。

化。實際感知的體驗消費價值曲線 PV 與事前期望的體驗消費價值曲線 EV 相交於橫軸上的 G 點，G 點為均衡點。

根據體驗消費滿意度的定義和函數表達式可知，一般情況下，體驗消費滿意度的大小由消費者實際感知的與事前期望的體驗消費價值的差距大小決定，呈同方向變化，具體來說有三種情況，如圖 5-5 所示。

第一種情況：在均衡點 G 點，實際感知的體驗消費價值曲線 PV 與事前期望的體驗消費價值曲線 EV 相交。此時，消費者實際感知的體驗消費價值等於事前期望的體驗消費價值，兩者的差距為零。由於實際感知的體驗消費價值與事前期望的體驗消費價值相符合，所以消費者此時處於均衡滿意度狀態，既不是非常滿意，也不是非常不滿意。

第二種情況：在均衡點 G 點的上方，在實際感知的體驗消費價值曲線 PV 上任意確定一點 B，經過 B 點作橫軸的平行線與事前期望的體驗消費價值曲線 EV 相交於 A，AB 表示實際感知的體驗消費價值與事前期望的體驗消費價值之間的差距，AB 等於 AG。此時，消費者實際感知的體驗消費價值大於事前期望的體驗消費價值，消費者很滿意，其體驗消費滿意度為正，體驗消費滿意度 AG 的大小由消費者實際感知的體驗消費價值與事前期望的體驗消費價值之差距 AB 決定。越往上離 G 點越遠，消費者實際感知的體驗消費價值量越大，實際感知的體驗消費價值與事前期望的體驗消費價值之差距 AB 越大，從而體驗消費滿意度 AG 越高，消費者的忠誠度越高。

第三種情況：在均衡點 G 點的下方，在實際感知的體驗消費價值曲線 PV 上任意確定一點 C，經過 C 點作橫軸的平行線與事前期望的體驗消費價值曲線 EV 相交於 D，CD 表示實際感知的體驗消費價值與事前期望的體驗消費價值之間的差距，CD 等於 DG。此時，消費者實際感知的體驗消費價值小於事前期望的

體驗消費價值，消費者不滿意，其體驗消費滿意度為負，負的體驗消費滿意度 DG 的大小由消費者實際感知的體驗消費價值與事前期望的體驗消費價值之差距 CD 決定。越往下離 G 點越遠，消費者實際感知的體驗消費價值量越小，實際感知的體驗消費價值與事前期望的體驗消費價值之差距 CD 越大，從而體驗消費不滿意度 DG 越高，消費者的抱怨越大。

上述分析清楚地表明，體驗消費滿意度的大小由消費者實際感知的與事前期望的體驗消費價值的差距大小決定，呈同方向變化。在消費者事前期望的體驗消費價值既定的情況下，體驗消費滿意度隨消費者實際感知的體驗消費價值量的增加而提高，隨消費者實際感知的體驗消費價值量的減少而降低，兩者呈同方向變化。

5.4.3 體驗消費滿意度的變動分析

如果消費者實際感知的體驗消費價值和事前期望的體驗消費價值發生變動①，對於體驗消費滿意度有什麼影響呢？我們可以從以下三種情況進行分析。

5.4.3.1 在事前期望的體驗消費價值不變的情況下，消費者實際感知的體驗消費價值發生變動對體驗消費滿意度的影響。

（1）在事前期望的體驗消費價值不變的情況下，消費者實際感知的體驗消費價值增加對體驗消費滿意度的影響。

在圖 5-5 的基礎上作圖 5-6。

如果消費者事前期望的體驗消費價值不變，實際感知的體驗消費價值增加，則事前期望的體驗消費價值曲線 EV 不變，實際感知的體驗消費價值曲線 PV 向右下方平行移動到 PV_1'，與 AB 的延長線相交於 B_1'，與 CD 相交於 G_1'，與事前期望的體驗

---

① 參照西方經濟學對於需求量變動與需求變動的界定，體驗消費價值的變動表現為體驗消費價值線的平行移動。

圖 5-6

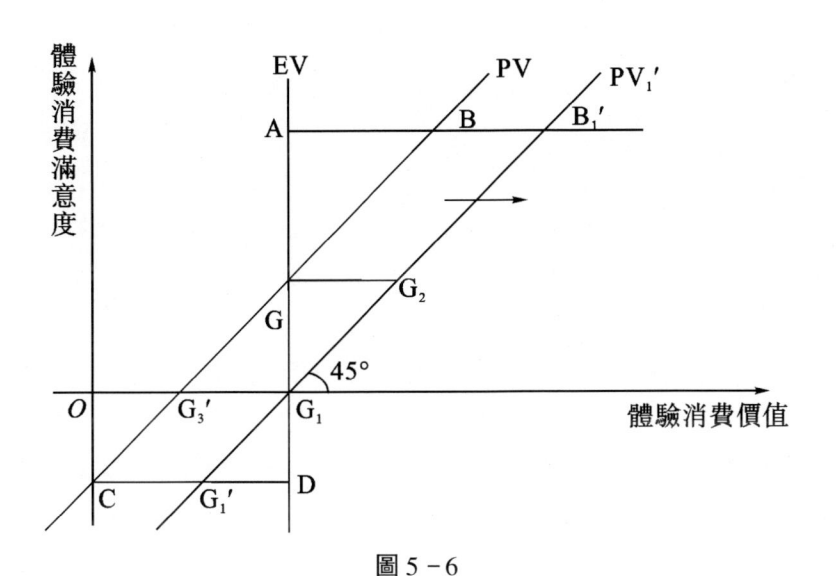

消費價值曲線 EV 相交於 D。這樣一來，均衡點由原來的 G 點下移到現在的 G₁ 點，代表體驗消費價值的橫軸也相應下移並經過現在的均衡點 G₁ 點。過 G 點作新橫軸的平行線並與 PV₁′相交於 G₂，PV 與新橫軸相交於 G₃′。此時，消費者的體驗消費滿意度發生如下變化：

①在新均衡點 G₁ 點，消費者實際感知的體驗消費價值等於事前期望的體驗消費價值，兩者之間的差距由原來的 G₃′G₁ 縮小為現在的 0，從而致使原來負的體驗消費滿意度 GG₁ 轉變為現在均衡的體驗消費滿意度，這表明體驗消費滿意度上升了，消費者的忠誠度提高。

②在新均衡點 G₁ 點的上方，消費者實際感知的體驗消費價值大於事前期望的體驗消費價值，兩者之間的差距由原來的由 AB 擴大為現在的 AB′，從而致使原來正的體驗消費滿意度 AG 轉變為現在正的體驗消費滿意度 AG₁，這表明體驗消費滿意度上升了，消費者的忠誠度提高。

③在新均衡點 G₁ 點的下方，消費者實際感知的體驗消費價

值小於事前期望的體驗消費價值，兩者之間的差距由原來的 CD 縮小為現在的 $C_1'D$，從而致使原來負的體驗消費滿意度 DG 轉變為現在負的體驗消費滿意度 DG_1，這表明體驗消費不滿意度下降了，消費者的抱怨減少。

④在新均衡點 G_1 點的上方，在 G 點的水平線上，消費者實際感知的體驗消費價值大於事前期望的體驗消費價值，兩者之間的差距由原來的 0 擴大為現在的 GG_2，從而致使原來均衡的體驗消費滿意度轉變為現在正的體驗消費滿意度 GG_1，這表明體驗消費滿意度上升了，消費者的忠誠度提高。

上述分析清楚地表明，如果消費者事前期望的體驗消費價值不變，實際感知的體驗消費價值增加，則消費者實際感知的體驗消費價值與事前期望的體驗消費價值的差距正值將擴大，從而導致體驗消費滿意度上升，消費者的忠誠度提高；或者消費者實際感知的體驗消費價值與事前期望的體驗消費價值的差距負值將縮小，從而導致體驗消費不滿意度降低，消費者的抱怨減少。

（2）在事前期望的體驗消費價值不變的情況下，消費者實際感知的體驗消費價值減少對體驗消費滿意度的影響。

如果消費者事前期望的體驗消費價值不變，實際感知的體驗消費價值減少，則反應在圖 5-5 上，事前期望的體驗消費價值曲線 EV 不變，實際感知的體驗消費價值曲線 PV 向左上方平行移動，導致均衡點上移，代表體驗消費價值的橫軸也相應上移並經過新的均衡點。這與上文中圖 5-6 及其相應的分析結論正好相反：如果消費者事前期望的體驗消費價值不變，實際感知的體驗消費價值減少，則消費者實際感知的體驗消費價值與事前期望的體驗消費價值的差距正值將縮小，從而導致體驗消費滿意度下降，消費者的忠誠度降低；或者消費者實際感知的體驗消費價值與事前期望的體驗消費價值的差距負值將擴大，

從而導致體驗消費不滿意度提高，消費者的抱怨增加。

總之，在消費者事前期望的體驗消費價值不變的情況下，體驗消費滿意度隨消費者實際感知的體驗消費價值的增加而提高，隨消費者實際感知的體驗消費價值的減少而降低，兩者呈同方向變化。

5.4.3.2　在消費者實際感知的體驗消費價值不變的情況下，消費者事前期望的體驗消費價值發生變動對體驗消費滿意度的影響

（1）在消費者實際感知的體驗消費價值不變的情況下，事前期望的體驗消費價值增加對體驗消費滿意度變動的影響。

在圖5－5的基礎上作圖5－7。

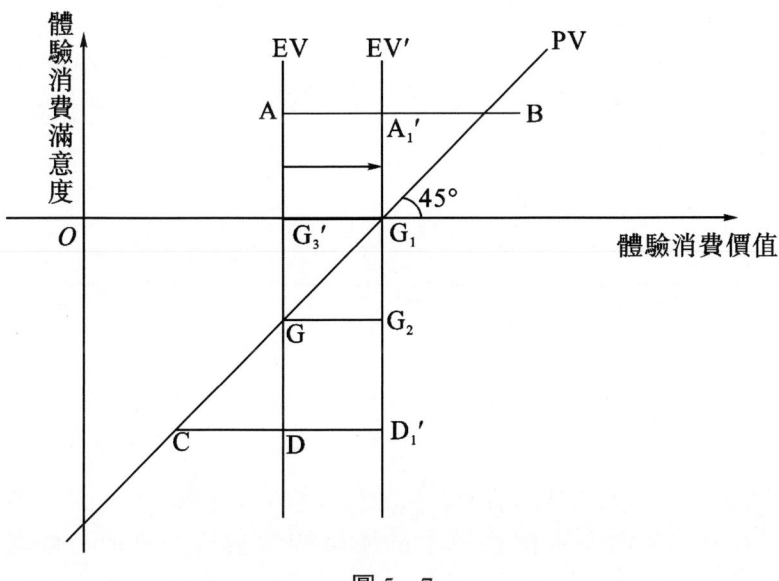

圖5－7

如果消費者實際感知的體驗消費價值不變，事前期望的體驗消費價值增加，則實際感知的體驗消費價值曲線 PV 不變，事前期望的體驗消費價值曲線 EV 向右平行移動到 EV_1'，與 AB 相

交於 A_1'，與 CD 的延長線相交於 D_1'，與實際感知的體驗消費價值曲線 PV 相交於 G_1。這樣一來，均衡點由原來的 G 點上移到現在的 G_1 點，代表體驗消費價值的橫軸也相應上移並經過現在的均衡點 G_1 點。過 G 點作新橫軸的平行線並與 EV_1' 相交於 G_2，EV 與新橫軸相交於 G'。此時，消費者的體驗消費滿意度發生如下變化：

①在新均衡點 G_1 點，消費者實際感知的體驗消費價值等於事前期望的體驗消費價值，兩者之間的差距由原來的 $G_3'G_1$ 縮小為現在的 0，從而致使原來正的體驗消費滿意度 $G_3'G$ 轉變為現在均衡的體驗消費滿意度，這表明體驗消費滿意度下降了，消費者的忠誠度降低。

②在新均衡點 G_1 點的上方，消費者實際感知的體驗消費價值大於事前期望的體驗消費價值，兩者之間的差距由原來的 AB 縮小為現在的 $A_1'B$，從而致使原來正的體驗消費滿意度 AG 轉變為現在正的體驗消費滿意度 $A_1'G_1$，這表明體驗消費滿意度下降了，消費者的忠誠度降低。

③在新均衡點 G_1 點的下方，消費者實際感知的體驗消費價值小於事前期望的體驗消費價值，兩者之間的差距由原來的 CD 擴大為現在的 CD_1'，從而致使原來負的體驗消費滿意度 DG 轉變為現在負的體驗消費滿意度 $D_1'G_1$，這表明體驗消費不滿意度提高了，消費者的抱怨增加。

④在新均衡點 G_1 點的下方，在 G 點的水平線上，消費者實際感知的體驗消費價值小於事前期望的體驗消費價值，兩者之間的差距由原來的 0 擴大為現在的 GG_2，從而致使原來均衡的體驗消費滿意度轉變為現在負的體驗消費滿意度 G_1G_2，這表明體驗消費不滿意度提高了，消費者的抱怨增加。

上述分析清楚地表明，如果消費者實際感知的體驗消費價值不變，事前期望的體驗消費價值增加，則消費者實際感知的

體驗消費價值與事前期望的體驗消費價值的差距正值將縮小，從而導致體驗消費滿意度下降，消費者的忠誠度降低；或者消費者實際感知的體驗消費價值與事前期望的體驗消費價值的差距負值將擴大，從而導致體驗消費不滿意度提高，消費者的抱怨增加。

（2）在消費者實際感知的體驗消費價值不變的情況下，事前期望的體驗消費價值減少對體驗消費滿意度變動的影響。

如果消費者實際感知的體驗消費價值不變，事前期望的體驗消費價值減少，則在圖5-5上，實際感知的體驗消費價值曲線 PV 不變，事前期望的體驗消費價值曲線 EV 將向左平行移動，導致均衡點下移，代表體驗消費價值的橫軸也相應下移並經過新的均衡點。這與上文中圖5-7及其相應的分析結論正好相反：如果消費者實際感知的體驗消費價值不變，事前期望的體驗消費價值減少，則消費者實際感知的體驗消費價值與事前期望的體驗消費價值的差距正值將擴大，從而導致體驗消費滿意度提高，消費者的忠誠度提高；或者消費者實際感知的體驗消費價值與事前期望的體驗消費價值的差距負值將縮小，從而導致體驗消費不滿意度減低，消費者的抱怨減少。

總之，在消費者實際感知的體驗消費價值不變的情況下，體驗消費滿意度隨消費者事前期望的體驗消費價值的增加而降低，隨消費者事前期望的體驗消費價值的減少而提高，兩者呈反方向變化。

5.4.3.3 消費者實際感知的體驗消費價值與事前期望的體驗消費價值同時發生變動對體驗消費滿意度變動的影響。

根據上述分析，我們不難得出以下結論：

（1）在其他條件不變的情況下，如果消費者實際感知的體驗消費價值增加，同時消費者事前期望的體驗消費價值減少，則體驗消費滿意度將會提高；反之，如果消費者實際感知的體

驗消費價值減少，同時消費者事前期望的體驗消費價值增加，則體驗消費滿意度將會降低。

（2）如果消費者實際感知的體驗消費價值增加，同時消費者事前期望的體驗消費價值也增加，並且前者增加的幅度比後者增加的幅度大，則體驗消費滿意度將會提高；反之，如果前者增加的幅度比後者增加的幅度小，則體驗消費滿意度將會降低。

（3）如果消費者實際感知的體驗消費價值減少，同時消費者事前期望的體驗消費價值也減少，並且前者減少的幅度比後者減少的幅度小，則體驗消費滿意度將會提高；反之，如果前者減少的幅度比後者減少的幅度大，則體驗消費滿意度將會降低。

綜合上述分析可知，導致體驗消費滿意度提高的原因有五種，導致體驗消費滿意度降低的原因也有五種。

5.5　體驗消費價值與滿意度綜合分析

根據上述分析，體驗消費滿意度是消費者對事前期望的體驗消費價值與實際感知的體驗消費價值進行評價判斷后形成的一種綜合心理反應，具體由消費者實際感知的體驗消費價值與事前期望的體驗消費價值的差距大小來衡量和決定。而體驗消費價值是消費者對體驗消費總效用與體驗消費總成本進行綜合權衡后形成的一種總體心理評價，具體由體驗消費總效用與體驗消費總成本的差距大小來衡量和決定。將體驗消費滿意度和體驗消費價值兩者結合起來，可以得出體驗消費價值與滿意度綜合分析函數表達式：

體驗消費滿意度 = f ｛實際感知的體驗消費價值 – 事前期望的體驗消費價值｝

＝f｛f（實際感知的體驗消費總效用－實際感知的體驗消費總成本）－f（事前期望的體驗消費總效用－事前期望的體驗消費總成本）｝

　　根據上文對於體驗消費價值和體驗消費滿意度的分析結論，體驗消費價值與滿意度綜合分析函數表達式的各個組成部分及其與體驗消費滿意度之間的關係，也可以運用圖5-8來表示。

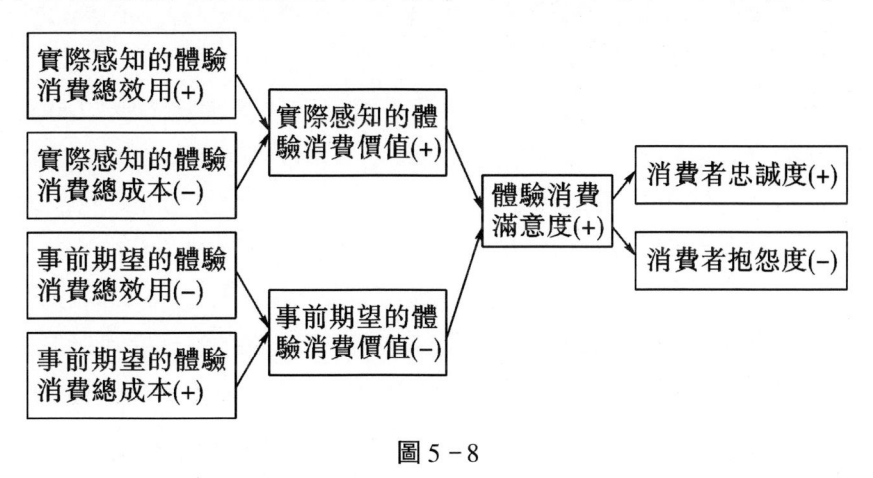

圖5-8

　　結合體驗消費價值與滿意度綜合分析函數表達式及圖5-8，我們可以得出以下幾點結論：

　　第一，體驗消費滿意度與實際感知的體驗消費總效用和事前期望的體驗消費總成本呈同方向變動的關係，與實際感知的體驗消費總成本和事前期望的體驗消費總效用呈反方向變動的關係。原因在於：

　　（1）體驗消費滿意度與實際感知的體驗消費價值呈同方向變動的關係，而實際感知的體驗消費價值與實際感知的體驗消費總效用呈同方向變動的關係，與實際感知的體驗消費總成本呈反方向變動的關係。

　　（2）體驗消費滿意度與事前期望的體驗消費價值呈反方向變動的關係，而事前期望的體驗消費價值與事前期望的體驗消

費總效用呈同方向變動的關係，與事前期望的體驗消費總成本呈反方向變動的關係。

第二，導致體驗消費滿意度提高或降低的情況非常複雜。原因在於：

（1）體驗消費滿意度提高與消費者實際感知的體驗消費價值和事前期望的體驗消費價值的 5 種變動組合有關，體驗消費滿意度降低與消費者實際感知的體驗消費價值和事前期望的體驗消費價值的另外 5 種組合變動有關。

（2）消費者實際感知的體驗消費價值增加與其實際感知的體驗消費總效用和實際感知的體驗消費總成本的 5 種變動組合有關，消費者實際感知的體驗消費價值減少與其實際感知的體驗消費總效用和實際感知的體驗消費總成本的另外 5 種變動組合有關。

（3）消費者事前期望的體驗消費價值增加與其事前期望的體驗消費總效用和事前期望的體驗消費總成本的 5 種變動組合有關，消費者事前期望的體驗消費價值減少與其事前期望的體驗消費總效用和事前期望的體驗消費總成本的另外 5 種變動組合有關。

第三，體驗消費滿意度與消費者忠誠度呈同方向變動的關係，與消費者抱怨度呈反方向變動的關係。體驗消費滿意度越高，則消費者忠誠度越高，消費者抱怨度越低；反之，體驗消費滿意度越低，則消費者忠誠度越低，消費者抱怨度越高。

第四，在現實生活當中，體驗消費滿意度更為複雜，也更加難以衡量和把握。由於消費者的認知程度不同，信息獲取的渠道和方式不同，往往會形成不同的事前期望的體驗消費價值，並對體驗消費滿意度產生直接的影響。因此，生產經營者抓好宣傳環節，加強宣傳的針對性，幫助消費者形成正確適當的事前期望的體驗消費價值，對於提高體驗消費滿意度，進而提高消費者的忠誠度或降低消費者的抱怨度，非常重要。

6
體驗消費倫理和發展分析

在生活消費領域中，如何對體驗消費進行倫理道德分析，衡量的主要標準和原則是什麼，體驗消費誤區主要表現在哪些方面，如何加快發展文明、健康、科學的體驗消費，體驗消費的未來發展趨勢如何？這是本章需要重點回答的問題。

6.1　體驗消費倫理道德分析

體驗消費的本質屬性在於其新奇刺激性，獵奇求新、獲得心理或情感上的美好體驗，使生活多姿多彩、充滿活力情趣，是消費者的自然選擇，這是無可厚非的。但在體驗消費過程中，又很容易出現一些不文明、不健康、不科學的乃至反文明、反健康、反科學的體驗消費行為，值得引起高度重視。

任何事情都具有兩面性，看待任何事物都要堅持辯證的一分為二的觀點，對待體驗消費尤其如此。應當肯定，改革開放以來，體驗消費的主流是好的，是健康向上的。體驗對於人們拓寬視野、豐富生活、陶冶情操、提高素質，對於促進社會文明和社會進步，發揮了積極的促進作用。但另一方面我們又要看到，消費者形形色色，具有個體差異性，不同的消費者在世界觀、人生觀、價值觀、消費觀以及消費習慣和消費偏好等方面是有差別的，他們對於「獵奇求新」、「美好體驗」的理解有差別，其實現的途徑和方式也是有差別的。少數消費者確實存在著某些不健康的體驗消費心理和偏好，個別消費者的體驗消費行為確實是不文明、不健康、不科學的，甚至是反文明、反健康、反科學的。體驗消費泥沙混雜、良莠不齊，迫切要求我們對於體驗消費進行倫理道德分析，並加以科學的引導和調控。

衡量體驗消費是否文明、健康、科學，主要有四個標準，

一是有利於消費者本人的身心健康和全面發展，二是有利於其他消費者的身心健康和全面發展，三是有利於社會文明和社會進步，四是有利於人口、經濟、社會、環境和資源的可持續發展。具體說來，文明、健康、科學的體驗消費應該符合以下五項原則：

第一，科學健康原則。胡錦濤總書記在論述社會主義榮辱觀的內容時，明確提出「以崇尚科學為榮，以愚昧無知為恥」。這也是對體驗消費的根本要求。科學健康一是要適應現代文明的發展，徹底改變和摒棄占卜算卦、求神修墓等愚昧、無知、迷信的體驗消費行為，徹底改變和摒棄不文明、不衛生的體驗消費習慣；二是要以人為本，有利於人的營養平衡、身體健康，有利於身體機能的恢復和發展；三是要有利於提高人的素質和情操，促進人的身心健康和全面發展。過度的物質消費和揮霍奢侈，必然會擠占享用精神產品的時間和空間，使人變得精神空虛，心理失衡。而低級、庸俗以至淫穢的娛樂消遣行為，則會污染、毒化人的心靈，使其身心受到摧殘。[1] 這是體驗消費中要引起高度重視並堅決避免的。

第二，正當合法原則。體驗消費要符合社會的倫理道德規範，符合法律、規則和制度，有利於社會文明和社會進步。切不可傷風敗俗，低級趣味，背離社會文明和道德規範，甚至反社會反文明。體驗消費雖然以追求新奇刺激為目的，但是應該將其置於法律和社會公德所允許的範圍之內，法律的、道德的、人性的約束力一點也不能減弱。不得從事觸犯法律法規、違背倫理道德、褻瀆科學文明、侵犯個人隱私的體驗消費活動，如賭博、嫖娼、吸毒等足以導致道德墮落和精神頹廢的體驗消費活動。

---

[1] 易培強．消費模式與國民幸福［J］．光明日報，2007-08-07.

第三，經濟適度原則。體驗消費的「度」，就是為滿足特定的體驗需要而消耗資源財富的數量界限。黨的十六屆六中全會通過的《中共中央關於構建社會主義和諧社會若干重大問題的決定》中強調：「發揚艱苦奮鬥精神，提倡勤儉節約，反對拜金主義、享樂主義、極端個人主義。弘揚中國傳統文化中有利於社會和諧的內容，形成符合傳統美德和時代精神的道德規範和行為規範。」體驗消費的經濟適度原則要求，一是要量力而行，與自身的收入水平和經濟狀況相適應，提倡適度節約，堅決反對和抵制鋪張浪費、驕奢淫逸型體驗消費；二是要與資源條件相吻合，有利於節約短缺資源，充分利用優勢資源；有利於減少污染、杜絕浪費，節約社會勞動時間；三是要與社會生產發展相適應，與生產力發展水平相適應；四是要以地球的資源環境承載能力為限度，保護生態的平衡和發展，合理開發自然的潛力①。

第四，協調統一原則。體驗消費不能片面追求數量上的增加，片面追求奢侈豪華，而要注重適量適度，注重生活的舒適和精神的愉悅。不能把人與自然、人與人對立起來，不能把人自身內部肉體和精神、感性和理性割裂開來或對立起來，片面地突出人的肉體性或感性，把體驗消費主要理解為對物質產品的體驗消費。現實生活當中，有的人沉迷於奢侈浪費型的物質體驗，以致玩物喪志，成為物質上的富翁，精神上的乞丐，甚至墮落犯罪，這是不可取的，要堅決反對。體驗消費要反對人的肉體慾望的無節制的放縱，反對人在無節制的肉體慾望的支配下無節制地耗費自然資源。應當把人從那種片面的肉體慾望的滿足當中解放出來，盡力克服人的「物化」傾向。應當提倡物質體驗消費和精神文化體驗消費之間的平衡和協調，不僅著

---

① 盧衍鵬，向寶雲．科學倫理消費：建設節約型社會的要義之一［J］．南方論叢，2006（2）：121．

眼於人與自然、人與社會、人與人的和諧，而且把人的身心和諧和全面發展作為體驗消費的根本宗旨。

　　第五，可持續發展原則。體驗消費的可持續發展不僅包括社會經濟本身的可持續發展，還包括生態環境的可持續發展，正確處理好人與人之間、人與社會之間、人與大自然之間的關係。地球上的自然資源是大自然賜予整個人類的恩惠，人人都有均等的享受資源的權利。地球上的資源是有限的，要著眼長遠發展，通過節約為自己和后人的長遠發展留余地、打基礎，而不能只顧眼前不顧長遠，只顧自己不顧后人，竭澤而漁、殺雞取卵的行為絕不可取。[①] 可持續發展要求實現代內公正和代際公正，體驗消費的可持續發展同樣要求實現代內公正和代際公正。任何國家、任何地區的體驗消費不能以損害其他國家和地區的消費為代價，不能損害或危及其他國家、地區和人們的生存和發展的消費能力，特別要注意維護后發展地區和國家的消費需求。當代人的體驗消費必須以維持整個人類的長遠生存利益和根本利益為道德準則，保障后代享用使其持續生存下去的自然環境和資源。體驗消費同樣要考慮代際消費的合理安排，要公平分享自然資源和無污染的自然空間，決不能吃祖宗飯、斷子孫糧。

6.2　體驗消費的主要誤區

　　所謂體驗消費的誤區，是指體驗消費中不文明、不健康、不科學的甚至是反文明、反健康、反科學的體驗消費現象和行

[①] 應細華．健康文明消費模式及其實現途徑［J］．學術研究，2006（11）：96．

為。這些體驗消費誤人誤己誤社會，禍害不淺，是我們應該加以反對和摒棄的。當前，體驗消費誤區主要表現在以下六個方面：

6.2.1　奢侈炫耀型體驗消費

這種體驗消費的主要特徵是窮奢極欲、擺闊鬥富、鋪張浪費、耗費大量的金錢和資源，其目的在於通過消費向周圍的人們顯示和炫耀自己的財富、地位和權勢，滿足自己的虛榮心。如在飲食方面，出現18.8萬元的天價宴席，19.8萬元的超豪華年夜飯，25萬元的「乾隆御宴」。被商家炒得沸沸揚揚的「黃金宴」[1]，可以說是這種奢侈炫耀型體驗消費的極端表現形式。奢侈炫耀型體驗消費儘管只是極少數人所為，但往往會在社會上造成惡劣的影響：一是會造成資源的極大浪費，財富的嚴重消耗，污染環境，破壞生態平衡，對生態環境造成巨大的壓力。二是會助長社會形成消費主義和享樂主義的傾向，某些人物欲橫流的生活方式，助長了不良社會風氣的形成，影響了人們的理想信念和精神追求。三是會加劇社會的兩極分化和人們的心理失衡，刺激中低收入者特別是底層社會群體敏感而脆弱的神經，影響社會各群體之間的和諧關係。

6.2.2　迷信愚昧型體驗消費

從狹義上來講，迷信就是相信鬼怪、命運、靈魂等超自然超物質的東西的存在，相信這些東西支配著世界和人生的一切。在市場競爭的大潮中，人們常常難以預知自己的未來，具有較為強烈的動盪和不安全感，一些人由此產生內心的恐懼和焦慮，希望借助神靈的力量來幫助自己，這是迷信思想抬頭的重要根

---

[1] 所謂黃金宴，是指一種把進口的純金箔灑在高檔食品上的菜式，整個宴席顯得金光燦燦。某些富豪以這種奇特畸形的消費方式來顯示自己的富貴與榮耀。

源。此外，傳統封建迷信思想的殘留和影響、社會轉型帶來的價值混亂、文化生活貧乏產生的精神空虛以及對某些迷信形式的新鮮獵奇等，也是迷信思想存在乃至蔓延的重要根源。喪事大操大辦、修建豪華墳墓、占卜相面算八字、求神拜佛看風水，追求陰森恐怖刺激，體驗所謂「鬼文化」等是迷信愚昧型體驗消費的典型形式。例如，重慶市豐都縣以所謂「鬼文化」為特色，將鬼城天堂山上的現代「玉皇大帝」雕像改變成為世界上最大的「閻羅王」坐像，在名山、天堂山、雙桂山的交匯處建「北冥」、「黃泉」、「逍遙谷」，在方江邊建長約 3 公里的靈堤，造「九宮十八廟」，在「九宮十八廟」的地下修建如同迷宮一般的「鬼城地獄」，挖心、剖腹，鬼哭狼嚎，樣樣俱全，打造一個隨江水潮汐而週期性「生死」的「輪迴之城」。組織遊客戴著鬼面具深夜到「輪迴之城」上狂歡，讓遊客在恐怖氣氛中盡情享受刺激愉悅。① 類似豐都這樣的鬼城、地府、天宮、恐怖世界等其他地方還有不少，表面上看來似乎很有「特色」很有「創意」，遊客到這些怪異恐怖的神鬼景點去遊玩，確實可以獲得新奇刺激甚至驚悚恐怖的另類體驗。但是，這種所謂的「神文化」、「鬼文化」，實際上是文化中的糟粕和垃圾，必須堅決摒棄。這種宣傳渲染了封建迷信的「神鬼體驗」特點的消費，不利於人的身心健康，與社會主義精神文明建設格格不入，要堅決叫停。

6.2.3　庸俗粗鄙型體驗消費

這種體驗消費主要表現是，某些人沉迷於充斥暴力、血腥、色情內容的圖書音像製品、網站和游戲，收看、收聽某些新聞媒體製作、傳播的不健康「性」節目以及「嫖娼」、「包二奶」

---

① 參見《豐都要造世界最大閻羅王 斥資 2.3 億元包裝鬼城》，
http：//news. xinhuanet. com/society/2006－07/03/content＿4786009. htm

等現象。所謂「人體盛」①，就是一種庸俗粗鄙、極其無聊的體驗消費形式。庸俗型粗鄙型體驗消費與少數不法生產經營者制「黃」販「黃」不無關係，致使「黃毒」在社會中不斷蔓延。例如，一些新聞媒體見利忘義，一切「唯收視（聽）論」，肆意開設、播出涉性低俗的節目、欄目，甚至公然談論、肆意渲染描述性生活、性經驗、性體會和性器官，大肆吹噓性藥功能，內容淫穢不堪，色情下流，嚴重污染社會風氣，造成了極為惡劣的社會影響和「視聽公害」；有的單位和企業以牟利為目的，大肆散布「黃毒」，大搞什麼「搖滾舞」、「脫衣舞」，有的大搞什麼「美女經濟」，宣傳什麼「人體美」，有些農村甚至大肆販賣脫衣舞、三點式、人妖表演之類傷風敗俗的東西；有些網站在休閒游戲中以「美女送吻」、「美女脫衣」等為主題販賣色情的東西；有些違法犯罪團伙利用視頻聊天室組織網上淫穢博客下載、傳播淫穢色情電影、動畫和小說，有些網站大量發布不堪入目的黃色、低俗的圖片、文字和視聽信息，嚴重污染了網絡環境。② 據不完全統計，近來的 5 年間，全國共收繳各類非法出版物 9.99 億件，其中淫穢色情出版物 0.62 億件，盜版音像製品 7.33 億件，盜版軟件及電子出版物 0.3 億件，破獲非法光盤生產線 104 條；全國共查辦制黃販黃、非法出版案件 9 萬余起。③「黃毒」蔓延的情況由此可見一斑。「黃毒」蔓延腐蝕了人們的心靈、敗壞了社會風氣，成為庸俗型粗鄙型體驗消費的誘因。

6.2.4 非法罪惡型體驗消費

這種體驗消費主要包括濫捕濫吃野生動物、賭博、吸毒等。

---

① 所謂人體盛，是指把美女人體當盛菜的盤子，貪婪的食客品嘗這種食、色雙重的「美味」。
② 尹世杰．閒暇消費論［M］．北京：中國財政經濟出版社，2007：144．
③ 改革創新新聞出版業取得顯著發展［N］．光明日報，2007－08－30．

濫捕、濫殺野生動物，天上飛的，水中遊的，地上爬的，什麼新奇吃什麼，什麼稀缺吃什麼，這種嘗鮮獵奇型消費顯然屬於體驗消費。然而這種體驗消費的后果不但破壞了人、自然、社會的可持續發展，而且嚴重危害了生態平衡和生態環境甚至導致病毒泛濫；賭博既緊張又刺激，富於變化、充滿懸念，顯然也屬於體驗消費。然而賭博既違背國家的法律法規，又會給賭博者本人及家庭帶來慘重的災難。很多人因賭博而負債累累甚至傾家蕩產、妻離子散；有些人因賭博而偷盜搶劫、殺人行凶，最終鋃鐺入獄，以致悔恨終身。

　　吸毒者之所以走上吸毒這條不歸路，主要原因在於對毒品的好奇，夢想去體驗那種飄飄欲仙、如夢似幻的「天堂感覺」。吸毒無疑屬於體驗消費，同時，又是非法型罪惡型體驗消費的典型，其貽害無窮。「竹槍一枝，不聞炮聲隆隆，打得妻離子散；枯燈一盞，不見菸火衝天，燒盡良田美宅。」這副對聯形象地揭示了吸食鴉片所導致的家破人亡的后果，吸毒的危害令人震驚。可以具體分析如下：①

　　第一，吸毒嚴重損害吸毒者本人的生理和心理健康。吸毒者的慘狀：原先紅潤的臉蛋變得像死人的臉，原先健壯的身體變得像一具骷髏，百病纏身，有的連路也走不動了。極度虛弱、骨瘦如柴是幾乎所有吸毒者的形象。如果毒癮發作但毒品又不可得，那麼，吸毒者將會感受到恐怖的「地獄」體驗：在第8～14小時，開始出現焦慮、恐慌、畏懼和再吸食毒品的渴望；輕者哈欠連連、流淚淌涕、噴嚏咳嗽、吃不下飯、喝不下水。重者發冷出汗、渾身顫抖，難以睡眠。這些症狀在第36～48小時達到高潮，開始昏昏沉沉，全身癱軟，抽風、腹瀉疼痛、骨頭及關節疼痛、嘔吐、發熱、瞳孔散大，等等。這時，吸毒者

---

①　張建偉. 體驗墮落［M］. 河南：鄭州文藝出版社，1999：5-27.

只有一個念頭：死了算了。如果吸毒癮重者原來有心臟、血壓、呼吸系統或甲狀腺、糖尿病等疾病，確實很容易在這時猝死。即使沒病的吸毒者（這幾乎是不可能的）也常常在這時出現精神和行為失控，自殘甚至自殺。據中國青年報的報導，2005年全球吸毒人數已超過2億，每年有10萬人因吸毒死亡，1000萬人因吸毒喪失勞動能力。①

第二，幾乎所有的吸毒者都喪失了人性、人格，喪盡天良。吸毒者對家庭實行所謂騙光、偷光、搶光的「三光政策」。騙、偷、搶的「三光政策」所導致的更為殘酷的事實是，無數原先幸福美滿的家庭都毀於毒霧中：母親自殺、兒子上吊、兄弟相殘、父子成仇、夫妻反目、家破人亡的事件，在吸毒者的家庭中數不勝數。

第三，絕大多數吸毒者喪德喪志、男盜女娼。男性吸毒者大多到社會上偷盜、搶劫甚至殺人，女性吸毒者大多數通過賣淫換錢吸毒。而所有的吸毒者都希望發展新的吸毒者，把自己本來已經高價買來的毒品用更高的價錢賣給新的吸毒者，用賺來的黑錢使他能買更多的毒品，這就是「以販養吸」。於是，偷搶、賣淫、販毒成為吸毒者的「新三光政策」，禍害社會。從毒品的受害者到最后淪為害人者，幾乎是吸毒者的必然之路。

第四，毒癮一旦染上無法戒掉，吸毒等於選擇死亡。從吸毒者開始吸毒的那一天算起，他以后的壽命，一般不會超過八年。吸毒者每天每時都在死亡的邊緣掙扎。最常見的有吸毒過量而死、虛脫致死、破傷風致死、呼吸系統感染致死、腦疾病致死、感染愛滋病致死（在中國的愛滋病患者中，因注射毒品而染上病毒的占99.24%），等等。

---

① 鐘法．中國加快禁毒立法 將從今年起開展禁毒人民戰爭，http://www.chinanews.com.cn/news/2005/2005-06-26/26/591199.shtml

6.2.5 網絡成癮型體驗消費

根據專家分析，網絡成癮主要包括六類：① 一是網絡色情成癮。這類網絡成癮者主要是下載、觀看色情作品，沉迷於成人話題的聊天室和網絡色情網站，或沉迷於網上虛擬性愛等。二是網絡關係成癮。這類網絡成癮者主要通過網上聊天來結識朋友、形成網友關係，並把這類關係看得比現實的親友、家庭關係更重要。三是網絡游戲成癮。這類網絡成癮者把大量的時間、精力和錢財花在游戲中，體驗刺激、驚險的過程，並從游戲中獲得成就感。四是網絡信息成癮。這類成癮者花費大量時間在網上查找和收集信息，強迫性地瀏覽網頁、無法自控地搜索更多信息。五是網絡交易成癮。這類成癮者通常以一種難以抵抗的衝動，著迷於在線賭博、網上貿易或者拍賣、購物等而不能自拔。六是網絡計算機成癮。這類成癮者沉迷於電腦程序性游戲以致影響了正常的學習和工作。網絡成癮者一般屬於前三類。

網絡成癮危害巨大。長時間沉迷網絡的人，人格會發生明顯變化，變得怯懦、軟弱、自卑、自責，失去對朋友和家人的信任，對現實生活有一種疏遠感，容易導致悲觀、孤僻、冷漠、不合群等不良人格的產生，缺乏責任感、自尊心和自信心。過度興奮、睡眠紊亂、情緒低落、頭昏眼花、雙手顫抖、疲乏無力、食欲不振等，這些是「網絡成癮症」患者經常出現的症狀。有的甚至會出現電腦狂暴症，即一旦電腦出現死機或故障，便會沮喪、焦慮，轉而向電腦或向他人發泄無名之火，狂暴不止，嚴重時將鍵盤、鼠標摔得粉碎甚至產生自殺念頭。

專家指出，「網絡成癮症」給青少年帶來的心理疾病更為嚴重，尤其是植物神經紊亂，體內激素水平失衡，使免疫功能降

---

① 孩子愛上網，就是「網癮」嗎？[N]．新聞晚報，2007-02-08．應力．看看你是哪類網絡迷戀者[N]．光明日報，2005-08-04．

低，引發各種疾患，如心血管疾病、胃腸神經官能病、緊張性頭疼、焦慮、憂鬱等，甚至可能導致死亡。有的青少年因為上網成癮而輟學、退學，往往染上吸菸、飲酒、賭博等惡習，甚至離家出走、暴力犯罪、自殘自殺。有的成年人因為網癮、網戀、網婚、網上同居、網絡賭博等造成種種家庭悲劇、甚至犯罪，還有的行政幹部、公務員因在上班時間沉迷於網絡游戲或網上聊天而被處罰或開除公職。

就網絡游戲來說，雖然人們確實可以從中獲得很多難忘的體驗，但是另一方面，很多人特別是未成年人一旦玩上網絡游戲之後就欲罷不能，玩了第一級就想玩第二級、第三級……甚至夜以繼日、廢寢忘食，身心健康受到嚴重的損害。電腦游戲是人與由機器虛擬的對手進行對抗，而網絡游戲是人與由真人扮演的對手進行對抗，由真人扮演的對手會分享人類所具有的多樣性格，殺死這樣的對手會產生更為強烈的快感。在網絡游戲中，玩家總是不間斷地「修煉」和「PK」（PlayerKill），無休無止的攀比和競賽，永無止境的「升級」。「爭強好勝、出人頭地」是網絡游戲使人上癮的關鍵所在。對於網絡游戲愛好者來說，「喜好」一詞可能還用得太輕，「沉迷」和「上癮」才是最貼切的表達。迷上了這樣的游戲，就等於是吸上了鴉片，不吸的時候不舒服，吸完了也不舒服，始終處於行動力上的癱瘓狀態」。[1] 不僅如此，有的網絡游戲中還存在淫穢、色情、賭博、暴力、迷信等不健康內容，特別是暴力成分非常多，幾乎所有的角色扮演游戲都是帶有 PK 的，或者是打怪升級、幫派對殺等，場面充滿了暴力和血腥，負面影響非常大。正因為如此，報紙、電視、廣播等來自主流媒體意識形態的聲音，對網絡游戲可謂是談虎色變，稱網絡游戲遲早要成為繼電腦游戲和網吧

---

[1] 陳岸瑛．關於網絡游戲的幾點思考，www.gmw.cn/02sz/2006-04/01/content__423505.htm

之后的第三個「電子海洛因」。

案例 6-1：清華一學生因考試受挫拒戒網癮割腕自殺

在中國的 250 萬網絡成癮患者中，16 歲—25 歲的青少年占 85%。網絡游戲被稱作「電子海洛因」，危害之大有目共睹。

痴迷於「魔獸爭霸」的天津網遊少年張瀟藝在網吧連續上網 36 個小時後，從 24 層高樓頂部跳樓自殺。張瀟藝的父母將網絡游戲「魔獸爭霸」的國內銷售商神州奧美網絡有限公司訴至法院，索賠 10 萬元。

一位清華大學二年級的學生，深深迷戀網絡世界，三國、魔獸爭霸等網絡游戲幾乎成為他生活的全部。心急如焚又無能為力的父親不遠千里，四次來京勸慰。在極度絕望中，父親不得不在飲料中下了安眠藥，乘兒子昏迷時將他送到網絡成癮中心「戒毒」，醫生診斷他為「重度網絡成癮患者」。就在入院當晚，學生打碎了屋頂燈管，用玻璃碎片割破了手腕……

宋小陽（化名）：

那時候，除了吃飯睡覺，我覺得上網是最有意義的。

幾乎把所有時間都放在了網絡游戲上，熱衷於三國、魔獸爭霸等網絡游戲，只要到網吧我就有如痴如醉的感覺。

網吧成了我避風的港灣，網絡給了我成功的喜悅和生存的慾望。這段時間，我覺得過得很充實，也很快樂。

網絡游戲的魅力實在太大了，有時玩起來十多個小時不吃飯不休息也不覺得累，但只要一天不去網吧就魂不守舍，感覺無所事事。只要離開網吧渾身就沒有一點力氣，看什麼東西都不順眼，做什麼事情都提不起精神，而且還總會和別人發脾氣。

資料來源：《清華一學生因考試受挫拒戒網癮割腕》，www.ce.cn/xwzx/shgj/gdxw/200606/14

6.2.6 荒誕怪癖型體驗消費

消費者尋求新奇的消費體驗是可以理解的。但是，某些經

營者挖空心思，推出一些荒誕不經的所謂「特色項目」，某些消費者尋求一些荒誕不經的、另類怪癖型的消費體驗，值得引起高度重視。例如，蘇州曾經開張了一家「監獄式茶吧」：包間是鋼筋封起來的鐵籠子，鐵門上掛著鐵鏈子，服務員則穿著仿製警服上崗。① 深圳曾經開張了一家「馬桶餐廳」：門口的擺設是馬桶和浴缸，店中的座椅是坐便器，餐具是浴缸型餐碗，特色食物是「馬桶冰」。② 據報導，「監獄式茶吧」和「馬桶餐廳」吸引了不少年輕人前來消費，甚至「生意火爆」，但同時也遭到了人們的質疑，惹來爭議。更有甚者，美國紐約曼哈頓一家餐館推出了所謂「別開生面」的「裸體就餐」活動：客人進入餐館，按常規脫去帽子、圍巾和大衣后，還不能馬上享用佳肴，裙子、褲子、襯衫……所有裝束都要脫下。對那些既想參與這個活動又沒有足夠勇氣的客人，餐館也給予特殊照顧———可以穿著背心吃飯。③

　　把茶吧整得像監獄，把餐廳整得像廁所，不可謂沒有創意。在「牢房」裡品茶休閒，體驗一下失去自由的囚犯的感覺，在「蹲便器」上吃著「馬桶冰」，不可謂不「新奇刺激」。可是，當人們看到類似這樣的體驗消費時，不免要皺眉頭乃至嘔吐。如果說蘇州的「監獄式茶吧」很另類，深圳的「馬桶餐廳」很噁心的話，那麼，紐約曼哈頓的「裸體餐館」則是反社會反倫理。在市場競爭越來越激烈的情況下，商家想方設法以特色策略來招徠顧客是可以理解的。但是，商家要遵守職業道德底線，競爭策略應該是一種健康的商業追求，符合社會生活常識和倫

---

① 王濤. 包間變牢房，蘇州「監獄式茶吧」開張惹爭議［N］.
www.cnr.cn/fortune/special/200608/t20060822＿504276283.html
② 深圳馬桶餐廳竟引來不少年輕人［N］. eat.gd.sina.com.cn/news/2006 -
08 - 16/2724729.html
③ 紐約「裸體餐館」生意火，吃飯多是中年人［N］. 環球時報，2008 -
02 - 16.

理道德規範。不能把「低俗」當「賣點」，不能挑戰社會道德，破壞社會風俗。對於消費者來說，體驗消費要講文明，不能把「低俗」當「時尚」，不能傷風敗俗。某些荒誕怪癖型體驗消費或許沒有違法，但是卻與社會大眾普遍遵循的倫理道德觀念相違背，與社會大眾一般的文明的思想觀念和行為方式相違背，因而要堅決叫停。

6.3 文明、健康、科學的體驗消費發展對策

和諧社會包括消費和諧，包括體驗消費的和諧。文明、健康、科學的體驗消費方式是指一種有利於消費者身心健康和體驗質量提高，有利於兩個文明建設與和諧社會建立的資源節約型、環境友好型的體驗消費方式。倡導文明、健康、科學的體驗消費方式是建設和諧社會和節約型社會的題中之意，是貫徹落實科學發展觀的內在要求。要堅決消除體驗消費生活中的誤區和不和諧現象，加快發展文明、健康、科學的體驗消費。

6.3.1 端正價值導向，用先進文化引導體驗消費健康發展

消費者必須具有正確的價值觀、消費觀，才能進行文明、健康、科學的體驗消費。要用先進文化來引導體驗消費健康發展，端正價值導向，幫助消費者樹立科學社會主義的價值觀、消費觀，文明消費、科學消費，不斷提高體驗消費的文化含量，提高體驗消費的質量。要以胡錦濤同志提出的社會主義榮辱觀「八榮八恥」來指導體驗消費的健康發展，特別要強調「以崇尚科學為榮，以愚昧無知為恥」、「以艱苦奮鬥為榮，以驕奢淫逸

為恥」。要在體驗消費中提倡科學消費，適度消費，反對封建愚昧，反對驕奢淫逸。要使人們真正認識到：什麼樣的體驗消費是科學合理的、有價值有意義的，什麼樣的體驗消費是沒有價值的、沒有意義的，什麼樣的體驗消費是光榮的、值得追求的，什麼樣的體驗消費是可恥的、應該反對的。

　　尹世杰教授在分析閒暇消費的誤區時，曾經嚴肅地批評指出：有的人打著「文化」的招牌，販賣非文化、甚至反文化的東西，有的人到處貼「文化」標籤，實際上是販賣各種文化垃圾。例如什麼「喪葬文化」、「性文化」、「鬼文化」、「痞子文化」、「亂彈文化」、「搖滾文化」、「交際文化」、「時尚文化」等無所不有。對各種非文化、反文化的現象和文化垃圾，要堅決反對。要為消費文化正名，為消費文化定性。① 這是非常中肯的。在體驗消費中，也存在著打「文化」招牌、貼「文化」標籤、到處販賣文化垃圾的現象和行為。因此，要倡導文明、健康、科學的體驗消費，就必須堅持尹世杰教授提出的劃清「四個界限」的標準：劃清享受與非享受，甚至腐化墮落的界限；劃清科學與非科學，甚至反科學的界限；劃清文化與非文化，甚至反文化的界限；劃清合理贏利與不合理贏利，甚至牟取暴利的界限。要提倡健康向上的消費文化，堅決反對和掃除體驗消費領域的「各種非文化、反文化的現象和文化垃圾」，堅持用先進文化引導體驗消費健康發展。

　　江澤民同志在慶祝中國共產黨成立八十周年大會上的講話中提出：「在當代中國發展先進文化，就是發展有中國特色的社會主義文化，就是建設社會主義精神文明。」在黨的十六大報告中他又提出：「大力發展先進文化，支持健康有益文化，努力改造落后文化，堅決抵制腐朽文化。」黨的十六屆六中全會通過的

---

① 尹世杰. 消費經濟學［M］. 北京：高等教育出版社，2003：181.

《中共中央關於構建社會主義和諧社會若干重大問題的決定》中強調：「建設和諧文化，是構建社會主義和諧社會的重要任務。社會主義核心價值體系是建設和諧文化的根本。必須堅持馬克思主義在意識形態領域的指導地位，牢牢把握社會主義先進文化的前進方向。」可見，堅持用先進文化引導體驗消費健康發展，就必須堅持社會主義核心價值體系，「大力發展先進文化，支持健康有益文化，努力改造落後文化，堅決抵制腐朽文化。」要盡量避免由於發展體驗消費而歪曲和破壞中國的民族文化，防止民族文化和外來文化中某些落后的不健康的東西對中國民族文化的侵蝕。要通過文明、健康、科學的體驗消費來促進先進文化的發展，促進社會和諧，推進社會主義精神文明建設。

6.3.2 不斷提高高層次的富有文化內涵的體驗消費的比重

著名思想家於光遠指出，既然人的生活包括物質生活和精神生活，那麼，幸福也包括物質方面和精神方面。社會主義制度下對人民的享受活動應該有所指導，提倡對人民身心健康有利的享受活動，不讚成對人民身心健康不利的享受活動。[①] 這是非常中肯的。體驗消費既包括物質方面的，也包括精神方面的，應該提倡和發展「對人民身心健康有利的」體驗消費活動，反對和消除「對人民身心健康不利的」體驗消費活動。尹世杰教授在談到閒暇消費結構的優化問題時強調指出，要以不斷提高高層次的享受資料、發展資料在消費結構中的比重，提高精神文化消費的比重。要在精神文化領域加大文化含量和知識含量，強調高質量，大力發展高層次的精神文化和精神文化消費活動，

---

① 於光遠. 論普遍有閒的社會［M］. 北京：中國經濟出版社，2005：35.

開拓精神文化產品市場和消費活動。① 這種論述是非常精闢的，對於優化體驗消費結構同樣適用。

追求新奇的物質消費體驗是可以理解的，但是，過分看重感官刺激和物質享受，甚至一味追求物質享樂，將其視為人生的意義和價值所在，忽視乃至貶低精神生活享受，卻是應該加以反對的。享樂主義者一味追求物質享樂型消費體驗，必然大大降低人的精神追求，導致人的物欲膨脹和精神墮落，最終難以獲得內心的體驗快樂。健康向上的精神文化型體驗消費將會豐富人們對生命意義的體悟，深化人們對生存價值的認識，有利於促進人的全面發展。我們不僅要拓寬體驗消費領域，大力發展物質型體驗消費，使其類型更多，質量更高；同時更要加快發展精神文化型體驗消費，使其內容更豐富，比重進一步提高，促進體驗消費結構的優化和升級，不斷滿足人們日益增長的物質體驗消費需要和精神文化體驗消費需要。要不斷提高高層次的富有文化內涵的體驗消費的比重，想方設法增加知識性、文化性、科技性體驗消費的比重，例如多參加旅遊、文娛、展覽等各種有益的藝術、文體和社交類體驗消費活動。這既有利於激發人的思想、豐富人的情感、啓迪人的智慧、提升人的涵養，提高體驗消費的層次和質量，又有利於移風易俗，發揚社會主義精神文明。

6.3.3 加強消費教育，培養具有高度文明、高度文化的消費者

創建文明、健康、科學的體驗消費方式的主體是消費者。要提高體驗消費的質量，保證體驗消費的健康發展，關鍵在於加強消費教育，從根本上提高消費者的能力和素質，培養具有

---

① 尹世杰. 閒暇消費論 [M]. 北京：中國財政經濟出版社，2007：150-151.

高度文明、高度文化的消費者。正如馬克思所說，一個人「要多方面享受，他就必須有享受的能力，因此他必須是具有高度文明的人。」① 尹世杰教授指出，人不是「經濟人」，而應該是用先進文化武裝起來的「文化人」。現代化的根本內涵應該是人的現代化，而人的現代化的根本內涵，是人具有高度的文化，具有文化意識和文化自覺，不斷提高文化價值的含量。人的塑造，特別是「文化人」的塑造，是發展社會主義市場經濟的基礎工程。② 筆者認為，培養和塑造具有高度文化、具有文化意識和文化自覺的「文化人」，培養和塑造用先進文化武裝起來的「文化人」，同樣也是促進體驗消費文明、健康、科學發展的「基礎工程」。

　　精神文明建設是社會主義現代化建設的重要組成部分，包括思想道德建設和教育科學文化建設。要在消費者中，廣泛開展消費觀、消費知識、文化藝術和審美知識的教育以及消費道德和社會公德的教育。③ 要通過消費教育，切實提高消費者的政治思想素質、科學文化素質和藝術修養，引導他們樹立正確的世界觀、人生觀、價值觀和消費觀，喚醒消費者的主體意識，培養文明的消費者；要通過消費教育，加大對健康文明科學的體驗消費方式的宣傳力度，旗幟鮮明地批判和糾正各種錯誤的消費觀念和消費行為，引導消費者自覺摒棄低級、庸俗甚至有害的體驗消費方式，選擇文明、健康、科學的體驗消費方式；要通過消費教育，切實提高體驗消費中的文化含量，提高體驗消費的質量，促進人的身心健康和全面發展，促進社會文明和社會全面進步，構建社會主義和諧社會。

---

① 馬克思恩格斯全集：第42卷［M］．北京：人民出版社，1979：392．
② 尹世杰．閒暇消費論［M］．北京：中國財政經濟出版社，2007：75．
③ 尹世杰．閒暇消費論［M］．北京：中國財政經濟出版社，2007：154．

6.3.4 加強法制建設，整頓市場經濟秩序，培育優良的體驗消費環境

良好的消費環境是創建文明、健康、科學的體驗消費方式不可或缺的條件。堅決打擊社會醜惡現象、淨化消費市場，為消費者創造安全、愉悅、文明、健康的體驗消費環境，必須強調和突出政府「看得見的手」的作用。一是要對體驗品（含服務）的生產經營者加強監管和引導，對其違法亂紀、反倫理道德、反社會文明的生產經營行為加大打擊和懲處的力度，使其風險加大、成本增加，從根本上遏制其生產和經營「壞」體驗品①的利益衝動。消費從根本上來說決定於生產，「壞」體驗消費②以「壞」體驗品的獲得為條件和前提。如果政府各職能部門認真履行監管責任，強化產品和服務的准入制，從根本上遏制和減少「壞」體驗品的供給，從源頭上防範和杜絕「壞」體驗品進入市場，那麼「壞」體驗消費也就成了無源之水，可以從根本上得到有效的遏制。二是要加大打擊和懲處「壞」體驗消費現象和行為的力度，使少數消費者從事「壞」體驗消費的風險加大、成本增加。如果說思想教育解決的是生產者、經營者和消費者「應該怎樣做」的觀念問題，那麼打擊懲處解決的則是生產者、經營者和消費者「必須怎樣做」和「只能怎麼做」的實踐問題。

案例 6-2：嚴厲禁毒

根據中國國家禁毒委員會公布的《2007 年中國禁毒報告》，2006 年，全國公安機關共受理人民群眾舉報毒品違法犯罪 1209

---

① 「壞」體驗品，不僅僅是指質量低劣、不合格的體驗品，更是指與國家的法律法規、社會的倫理道德規範相違背的體驗品。

② 「壞」體驗消費，主要指與國家的法律法規相違背的違法體驗消費，以及與社會的倫理道德規範相違背的不良體驗消費。

件，抓獲犯罪嫌疑人1326名，繳獲各類毒品3179千克，禁毒工作的社會基礎明顯加強。2006年，全國強戒毒26.9萬人次，勞教戒毒7.1萬人。2006年，全國公安機關共破獲毒品犯罪案件4.63萬起，抓獲毒犯罪嫌疑人5.62萬名，繳獲海洛因5.79噸、鴉片1.69噸、冰毒5.95噸、搖頭丸45.41萬粒、氯胺酮1.79噸。全國檢察機關共批准逮捕毒品犯罪嫌疑人47,290人。

2006年，全國公安機關以「打團伙、摧網絡、破大案、抓毒梟、繳毒資」為目標，組織開展了一系列打擊行動，全國共破獲萬克以上毒品案件409起、千克以上毒品案件1902起，打掉販毒團伙738個，摧毀制毒窩點132個。全國共破獲10克以下零星販毒案件2.6萬起，查處存在涉毒問題的歌舞娛樂場所1959家，打掉了一大批零星販毒交易點，對阻斷毒品進入消費環節發揮了明顯作用。

資料來源：http://www.china.com.cn/law/zhuanti/yldp/2007-06/02/content__8333483__3.htm

　　從供給和需求兩個方面著手加強治理和整頓，培育優良的體驗消費環境，規範和引導體驗消費健康發展，關鍵是政府有關職能部門必須充分發揮行政管理和監督職能，態度要堅決、措施要有力。例如，要在全國開展打擊整治網絡淫穢色情等有害信息的專項行動。重點打擊利用互聯網和手機大量傳播淫穢信息、發展會員等犯罪活動，堅決清除關閉那些為網絡淫穢色情信息提供傳播平臺，傳播色情信息、色情圖片、色情短片、色情文學等內容的博客、播客，清除關閉那些偷拍、露點、走光、成人文學等網絡欄目，全面清理性用品廣告和色情網站廣告。在各網站推廣論壇版主、吧主和聊天室主持人實名制，搜索引擎服務商，限期採取各種有效措施嚴格封堵過濾色情內容等。2007年，全國公安機關共破獲網絡淫穢色情等刑事案件524起，刑事拘留868人，查處網上治安案件1609起，治安處

罰1911人；關閉、清理境內淫穢色情網站、網頁4.4萬個，刪除網上淫穢色情信息44萬余條；依法查處違規經營的互聯網服務單位8788家，備案網站19.9萬個，對1.4萬個未經備案、審批許可的網站停止了接入服務。① 這有效地淨化了網絡消費環境。

例如，2007年8月份，國家廣電總局重拳出擊、連頒「封殺令」：② 重慶衛視的《第一次心動》被停播，廣東電視公共頻道的整容類節目《美萊美麗新約》被宣布叫停，湖南經視的《天使愛美麗》、南京電視臺教科頻道的《美麗夢工場》等節目也被宣布叫停。2007年9月25日，廣電總局還對涉性藥品、醫療、保健品廣告及有關醫療資訊、購物節目發出禁播令。全國各級廣播電視播出機構已修改或停播非法性藥品、性保健品、醫療機構等不良廣告2000余條。③ 國家廣電總局明確要求，凡涉及性生活、性經驗、性體會、性器官和性藥功能等的節目欄目，一律不得策劃製作播出，正在製作播出的必須立即停止。廣電總局堅決查處涉性低俗節目、欄目取得了階段性成果，一個健康、清淨的聲屏世界正在回到民眾的生活中。

案例6-3：網絡管理長效機制正建立

隨著互聯網的發展，特別是網絡視聽節目、博客和點對點網絡等互聯網新技術的發展和應用，網上組織淫穢色情表演、傳播淫穢色情等有害信息的現象仍大量存在。

2007年4月5日至9日，公安部部署全國警方開展了為期5天的網上淫穢色情等有害信息清理行動，清除網上淫穢色情信息共9.2萬余條。

---

① 國家重擊色情黑網站，網上偷拍走光欄目均須清除［N］．重慶晚報，2008-02-17．

② 何建波．廣電總局封殺令連出叫停整容類節目［N］．每日經濟新聞，2007-08-27．tech. sina. com. cn/it/2007-08-27/07571699351. shtml

③ 抵制低俗淨化視聽［N］．光明日報，2007-10-11．

6月底前，警方在全國的重點網站、論壇設立網上「報警崗亭」和「虛擬警察」，網上接收群眾舉報、求助，網下迅速處置，及時發現、制止網上的有害信息傳播和違法犯罪活動；同時建立網上信息安全巡邏、協管隊伍，協助維護網上秩序。

有關人士說，全國將組織專門力量，對互聯網信息服務單位進行全面調查摸底，清理群眾反應突出的淫穢色情等有害信息；對違法網站將依法關閉；對網上違法犯罪活動堅決依法打擊；對網上傳播低俗信息等不良行為將採取警告、整改、教育、疏導等方式。

據悉，有關部門將檢查督促互聯網接入服務單位依法落實寬帶和無線互聯網用戶上網日誌記錄留存，加強網上視聽節目和影視網站的管理、加強對違規網站的查處；將組織託管主機、虛擬空間服務提供單位對用戶進行清理，登記用戶身分信息和使用用途，並通過組織互聯網數據中心、信息安全服務單位提供集中託管服務等措施，重點解決中小網站、論壇、留言板、聊天室信息安全無人管理的問題，推進互聯網管理長效工作機制的建設。

資料來源：胡謀．「虛擬警察」上崗記［N］．人民日報，2007-4-26.

6.3.5 加強對體驗消費的社會調控

對於生活消費領域中不文明、不健康、不科學的體驗消費現象和行為，必須綜合運用多種調控手段和調控機制，對消費者的消費行為和消費心理施加一定影響和作用，使其遵從和認同體驗消費的社會規範，進而促使體驗消費朝著文明、健康、科學的方向發展。首先，體驗消費是一種經濟活動，因而，運用經濟槓桿進行調控是完全必要的。具體包括運用價格、稅收、信貸、利息等經濟槓桿，對消費者的經濟利益施加影響以調控其體驗消費活動。其次，體驗消費又是一種社會活動，因而，

單純運用經濟調控手段是不夠的，還必須同時運用社會調控手段才能更好地發揮作用。包括運用法律調控、道德調控、紀律調控、習俗調控、教育調控、藝術調控、宗教調控、輿論調控、制度調控等。體驗消費社會調控的根本目的是為了保證人們的體驗消費生活文明、健康、科學，是為了滿足人們多層次的體驗消費需求與促進人的自由全面發展。

6.3.6 生產和提供健康優秀的體驗品

遏制不文明、不健康、不科學乃至反文明、反健康、反科學的體驗消費的泛濫，促進體驗消費朝著文明、健康、科學的方向發展。一方面要進行嚴厲打擊，懲處和震懾不法生產經營者，杜絕「壞」體驗品（含服務）的生產和傳播；另一方面要大力提高體驗品的供給能力，生產和提供更多健康優秀的體驗品，以優質而豐富的體驗品滿足人們不斷增長的體驗消費需求，扶正祛邪。例如，旅遊景區正確展示地域文化內容應遵循的原則是：弘揚先進文化，體現時代風尚；尊重歷史沿革，符合地域特色；展示恰如其分，不搞牽強附會；多些科學知識，少些妖魔鬼怪；杜絕封建迷信，剔除文化糟粕。[1]

就電腦網絡來說，不僅要徹底清除網絡淫穢色情這樣的文化垃圾，還要增加生產健康優秀的網絡文化產品，豐富網絡內容，占領網絡陣地。不僅要重視傳統的主流文化產品包括報刊、廣播、電視、圖書館、博物館等在網上的傳播，而且還要讓健康優秀的文化產品以人民群眾喜聞樂見的形式在網上有效地傳播。要積極建設綠色網絡空間，推廣健康網絡產品，推廣綠色網絡載體，增加綠色網絡場所，給人民群眾提供足夠豐富的健康網絡資源。要下大力氣把互聯網建設成為傳播社會主義先進

---

[1] 王玉成. 旅遊文化概論 [M]. 北京：中國旅遊出版社，2005：257.

文化的新途徑、公共文化服務的新平臺、人們健康精神文化生活的新空間、對外宣傳的新渠道，走出一條中國特色網絡文化發展之路，[①] 為人們的網絡體驗創造一個良好的發展平臺和外部環境。

6.3.7 節約資源、保護環境

體驗消費既要符合物質生產的發展水平，滿足人的體驗消費需求，又要符合生態生產的發展水平，不對生態環境造成危害。體驗消費不能以大量消耗資源和能源、犧牲破壞自然生態環境為代價，消費者要充分考慮資源的承載能力並維護生態環境，防止不當消費和無度消費造成的對資源的掠奪和生態的破壞。早在19世紀，恩格斯就清楚地看到人類活動的這種反主體性效應，警告以自然的徵服者自居的人們「不要過分陶醉於對自然界的勝利」，「對於每一次這樣的勝利，自然界都報復了我們。每一次勝利，在第一步取得了我們預期的結果，但是在第二步和第三步卻有了完全不同的、出乎預料的影響，常常把第一個結果又取消了。」[②]

生態經濟倫理學認為，包括人類在內的所有生物物種都是大自然的產物，它們共同構成富有生機的地球生態系統，人需要也離不開其他生物。在體驗消費中，人們不能只追求自身新奇體驗需要的滿足，不能把自己凌駕於其他物種之上或無視其他物種的生存權利，那實質上是在摧殘人類自己的生存和發展的根基。從生態經濟倫理的角度上講，人對生物物種的掠奪違背了人與物之間的公正原則，本質上也是對人類未來利益和整

---

 ① 楊谷. 建設先進網絡文化，加強網絡傳播規律研究 [N]. 光明日報，2007-06-07.
 ② 恩格斯. 勞動在從猿到人轉變過程中的作用 [M] //馬克思恩格斯選集：第3卷. 北京：人民出版社，1972：517.

體利益的嚴重侵犯。① 倫理道德是根植於人內心，靠信念來支撐的一種觀念和價值取向，對人們的行為產生約束力與驅動力。體驗消費要解決生態危機，實現人與自然的協調可持續發展，除了運用政策和法律，還必須依靠道德的力量。人們必須學會尊重自然、保護自然，把自己當做自然的一員，與自然和諧相處；必須強化迴歸自然、體驗自然、欣賞自然的能力和水平，增強生態倫理意識和環保觀念；必須在體驗消費活動中講求效益，節約資源，減少污染，杜絕浪費，文明消費，促進體驗消費與資源環境的協調發展。政府、新聞媒體和社會各界應該聯合起來，廣泛開展宣傳教育活動，倡導文明的體驗消費，倡導人們在體驗消費過程中遵循生態經濟倫理，尊重其他生物物種的生存權利，正確處理好人和大自然之間、人和人之間、人和社會各方面之間的關係，促進消費和諧，在和諧的體驗消費過程中，進一步體現人的本質。

6.4 體驗消費發展趨勢展望

有的人將體驗經濟時代的消費趨勢歸納為「五化」，即體驗化、情感化、個性化、休閒化、求美化。② 筆者認為，中國體驗消費的未來發展趨勢主要表現為以下若干方面：

一是，體驗消費比重趨於上升。主要原因在於，中國人民生活在2000年已經達到了總體小康水平，到2020年，中國的人均國內生產總值將比2000年翻兩番，全面建成惠及十幾億人口

---

① 王澤應，張曉雙．從生態經濟倫理視角看綠色消費［J］．消費經濟，2001(2)：37．
② 黃友松．關注體驗經濟時代的消費趨勢［J］．價格與市場，2002(8)．

的更高水平的小康社會，使經濟更加發展、民主更加健全、科教更加進步、文化更加繁榮、社會更加和諧、人民生活更加殷實。正如胡錦濤總書記在黨的十七大報告中所指出的，「到2020年全面建設小康社會目標實現之時，中國將成為人民富裕程度普遍提高、生活質量明顯改善、生態環境良好的國家。」隨著收入水平的不斷提高，吃、穿、住、用、行等方面的基本消費需要得到較好的滿足，中國城鄉居民不僅具備了從事體驗消費的經濟實力和基礎，同時也會不斷產生和強化體驗消費的願望和要求。其結果必然會表現為「四個比重趨於上升」，一是具備體驗消費貨幣支付能力的消費者占全體消費者的比重趨於上升，二是消費者的體驗消費支出占其全部消費支出的比重趨於上升，三是消費者的體驗消費時間占其全部消費時間的比重趨於上升，四是消費者的體驗效用占其全部消費效用的比重趨於上升。

　　二是，體驗消費結構更加優化。與服務經濟在產業結構中比重上升、服務消費在消費結構中比重上升相對應的是，服務型體驗消費在體驗消費結構中的比重也將趨於上升，人們從產品型體驗消費中獲得的體驗效用將下降，而從服務型體驗消費中獲得的體驗效用和滿足將越來越多，這是很顯然的道理。另一方面，物質型體驗消費所占的比重將趨於下降，而精神文化型體驗消費所占的比重將趨於上升，特別是富有文化內涵的、具有高度文化自覺的精神文化型體驗消費所占的比重不斷提高。人們不僅依靠眼、耳、口、鼻、手等感覺器官來獲得視覺、聽覺、味覺、嗅覺、觸覺等生理型感官型消費體驗，而且將越來越多地依靠記憶、聯想、注意、想像、思維等心理活動來獲得豐富多彩的心理型情感型消費體驗。以獲得心理情感上的愉悅和滿足、提高智力能力和精神境界、實現自由而全面的發展為主旨的體驗消費，將越來越成為消費者的自主選擇。

　　三是，體驗消費更加豐富多彩。主要原因在於，市場競爭

日趨激烈，迫使生產經營者不斷創新，不斷推出富有特色的產品和服務以增強自身的優勢；科學技術日新月異，為產品和服務的不斷創新提供了技術支撐和保障；國際交往與合作日益加強，「走出去」的消費者日趨增加，「引進來」的新產品和服務越來越多；隨著收入水平的提高，消費者的體驗消費需求不斷增長，體驗消費領域不斷拓寬，等等。這些都使得人們的體驗生活更加豐富多彩，更加具有個性化色彩。體驗消費對象的新奇獨特、別具一格，主要表現為自然性、歷史性、異域性、文化性、科技性和新潮時尚性等六大特性，這也昭示了體驗消費的未來發展趨勢，人們的消費體驗將更豐富、更獨特。

　　四是，體驗消費更趨文明、健康、科學。隨著社會經濟的發展和市場體制的健全，行政的、法律的、經濟的、倫理道德的調控和引導將逐步完善，消費者對於人類自身、人與人、人與自然之間和諧共生的辯證關係的認識將更加深刻，其自身的精神境界將逐步提高，社會責任感將逐步增強。可以預見，不文明、不健康、不科學的體驗消費所占的比重將趨於下降，反文明、反健康、反科學的體驗消費將逐步趨於消失，體驗消費將朝著文明、健康、科學的方向發展。體驗消費將更加有利於人的自由而全面的發展，更加有利於人、自然、社會、資源、環境的協調和可持續發展，更加適應資源節約型、環境友好型社會的發展，更加有利於全面建設小康社會、構建社會主義和諧社會。這是體驗消費發展的必然趨勢，也是體驗消費發展的必然要求。

主要參考文獻

一、著作

［1］馬克思恩格斯選集（第1卷、第3卷）［M］．北京：人民出版社，1972．

［2］馬克思，恩格斯．馬克思恩格斯全集：第42卷［M］．北京：人民出版社，1979．

［3］馬克思，恩格斯，列寧，斯大林編譯局．馬克思恩格斯全集：第1卷［M］．北京：人民出版社，1979．

［4］馬克思恩格斯全集（第1卷、第13卷、第41卷、第42卷、第46卷上、第46卷下）［M］．北京：人民出版社，1979．

［5］袁貴仁．馬克思的人學思想［M］．北京：北京師範大學出版社，1996．

［6］菲利普·科特勒．營銷管理：分析、計劃、執行和管理［M］．梅汝和，等，譯．上海：上海人民出版社，1999．

［7］張建偉．體驗墮落［M］．河南：鄭州文藝出版社，1999．

[8] 伯恩德·H. 施密特. 體驗式營銷 [M]. 北京：中國三峽出版社, 2001.

[9] 菲利普·科特勒. 營銷管理 [M]. 北京：梅汝和, 等, 譯. 中國人民大學出版社, 2001.

[10] 杜金柱, 陶克濤. 消費心理學 [M]. 北京：中國商業出版社, 2001.

[11] 潘寶明, 朱安平. 中國旅遊文化 [M]. 北京：中國旅遊出版社, 2001.

[12] 張奎志. 體驗批評：理論與實踐 [M]. 北京：人民出版社, 2001.

[13] 姜奇平. 體驗經濟 [M]. 北京：社會科學文獻出版社, 2002.

[14] 派恩二世（Joseph PineII, B.）, 吉爾摩（Gilmore, J. H.）. 體驗經濟 [M]. 夏業良, 譯. 北京：機械工業出版社, 2002.

[15] 波德里亞. 消費社會 [M]. 劉成富, 全志鋼, 南京：南京大學出版社, 2002.

[16] 中國人民大學哲學系邏輯學教研室. 邏輯學 [M]. 北京：中國人民大學出版社, 2002.

[17] 顧文均. 顧客消費心理學 [M]. 上海：同濟大學出版社, 2002.

[18] 賈靜. 旅遊心理學 [M]. 鄭州：鄭州大學出版社, 2002.

[19] 江林. 消費者心理與行為 [M]. 北京：中國人民大學出版社, 2002.

[20] 尹世杰. 消費經濟學 [M]. 北京：高等教育出版社, 2003.

[21] 周兆晴. 體驗營銷 [M]. 南寧：廣西民族出版社,

2003.

[22] 布里頓, 王成. 體驗——從平凡到卓越的產品策略 [M]. 北京: 中信出版社, 2003.

[23] 斯科特·麥克凱恩. 商業秀——體驗經濟時代企業經營的感情原則 [M]. 北京: 中信出版社, 2003.

[24] 特里·A. 布里頓, 黛安娜·拉薩利. 體驗—從平凡到卓越的產品策略 [M]. 北京: 中信出版社, 2003.

[25] 寶利嘉顧問. 品牌體驗—價值和關係的成長 [M]. 北京: 中國經濟出版社, 2003.

[26] 王長徵. 消費者行為學 [M]. 武漢: 武漢大學出版社, 2003.

[27] 邊四光. 體驗經濟: 全新的財富理念 [M]. 上海: 上海學林出版社, 2003.

[28] 趙榮光. 中國飲食文化概論 [M]. 北京: 高等教育出版社, 2003.

[29] 寧士敏. 中國旅遊消費研究 [M]. 北京: 北京大學出版社, 2003.

[30] 施密特 (Schmitt, B. H.). 體驗營銷——如何增強公司及品牌的親和力 [M]. 劉銀娜譯. 北京: 清華大學出版社, 2004.

[31] 貝恩特·施密特 (Schmitt. B. H). 顧客體驗管理: 實施體驗經濟的工具 [M]. 馮玲, 孔禮新, 譯. 北京: 機械工業出版社, 2004.

[32] 伯德·H. 施密特 (Bernd H. Schmitt), 戴維·L. 羅杰斯 (David L. Rogers), 卡倫·弗特索斯 (Karen Vrotsos). 娛樂至上: 體驗經濟時代的商業秀 [M]. 北京: 中國人民大學出版社, 2004.

[33] 李秀林, 等. 辯證唯物主義和歷史唯物主義原理

［M］．北京：中國人民大學出版社，2004．

［34］理查德·C. 曼多克，理查德·L. 富爾頓．客戶心理市場營銷［M］．北京：機械工業出版社，2004．

［35］蓋爾·湯姆．感悟——傾客體驗型公司成功的奧秘［M］．北京：電子工業出版社，2004．

［36］肖恩·史密斯，喬·惠勒．顧客體驗品牌化—體驗經濟在營銷中的應用［M］．北京：機械工業出版社，2004．

［37］莊志民．旅遊經濟文化研究［M］．上海：立信會計出版社，2005．

［38］於光遠．論普遍有閒的社會［M］．北京：中國經濟出版社，2005．

［39］魏小安．中國休閒經濟［M］．北京：社會科學文獻出版社，2005．

［40］趙龍，周揚，楊珊珊．情境終端［M］．北京：中國發展出版社，2005．

［41］王玉成．旅遊文化概論［M］．北京：中國旅遊出版社，2005．

［42］陳鋒儀．中國旅遊文化［M］．西安：陝西人民出版社，2005．

［43］馬連福．體驗營銷——觸摸人性的需要［M］．北京：首都經濟貿易大學出版社，2005．

［44］孫全治，林占生．旅遊文化［M］．鄭州：鄭州大學出版社，2006．

［45］孫全治，林占生．旅遊文化［M］．鄭州：鄭州大學出版社，2006．

［46］葉文，等．城市休閒旅遊［M］．天津：南開大學出版社，2006年．

［47］尹世杰．閒暇消費論［M］．北京：中國財政經濟出

版社，2007.

［48］權利霞．體驗經濟——現代企業運作的新探索［M］．北京：經濟管理出版社，2007.

［49］愛夢．品茶大全［M］．哈爾濱：哈爾濱出版社，2007.

［50］劉菲．旅遊消費心理與行為［M］．北京：北京經濟管理出版社，2007.

［51］張豔芳．體驗營銷：讓消費者在體驗中消費在消費中享受［M］．成都：西南財經大學出版社，2007.

［52］國家統計局．中國統計年鑒-2006［M］．

［53］國家統計局．中華人民共和國2006年國民經濟和社會發展統計公報［M］．北京：中國統計出版社，2006.

［54］國家統計局《改革開放30年報告之五：城鄉居民生活從貧困向全面小康邁進》，http：//www.stats.gov.cn/tjfx/ztfx/jnggkf30n/t20081031__402513470.htm

［55］國家統計局．中國統計年鑒-2007［M］．

［56］國家統計局．中華人民共和國2009年國民經濟和社會發展統計公報［M］．北京：中國統計出版社，2007.

［57］周顯志．試論消費的社會調控［J］．湘潭大學學報：社會科學版，1994（4）．

［58］馮玉芹．一種新的消費方式：體驗消費［J］，價格月刊，1999（6）．

［59］汪丁丁．自由移民——后工業時代經濟一體化的最終議題［J］．IT經理世界，2000（1）．

［60］王澤應，張曉雙．從生態經濟倫理視角看綠色消費［J］．消費經濟，2001（2）．

［61］田劍等．電子商務環境下消費者行為分析［J］．華東經濟管理，2001（1）．

［62］舒遠招，楊月如．綠色消費的哲學意蘊［J］．消費經濟，2001（6）．

［63］奚紅妹．體驗性價值與大量定制營銷［J］．國際商務研究，2001（3）．

［64］梁鏞，葛樹榮．全球化條件下的「異域產品」與「異域消費」［J］．青島大學學報，2001（4）．

［65］王岳川．消費社會中的精神生態困境［J］．北京大學學報：哲學社會科學版，2002（4）．

［66］鄒鳳嶺．「體驗消費經濟」發展與市場創新［J］．山東經濟戰略研究，2002（2）．

［67］劉鳳軍，雷丙寅．體驗經濟時代的消費需求及營銷戰略［J］．中國工業經濟，2002（8）．

［68］黃友松．關注體驗經濟時代的消費趨勢［J］．價格與市場，2002（8）．

［69］尹世杰．中國旅遊消費的發展趨勢［J］．南方經濟，2003（4）．

［70］李小芳．「新貧族」：一種消費新主張［J］．中國青年研究，2003（3）．

［71］南劍飛，熊志堅．試論顧客滿意度的內涵、特徵、功能及度量［J］．世界標準化與質量管理，2003（9）．

［72］李小芳．「新貧族」：一種消費新主張［J］．中國青年研究，2003（3）．

［73］胡金鳳，胡寶元．關於消費的哲學考察［J］．自然辯證法研究，2003（11）．

［74］孫劍平．消費場理論——可持續發展議題的經濟學沉思［J］．南京理工大學學報：社會科學版，2003（1）．

［75］劉群望，王玉敏．新時代的消費方式——體驗經濟［J］．消費經濟，2003（3）．

[76] 祝合良. 體驗消費與顧客體驗管理 [J]. 北京市財貿管理幹部學院學報, 2003 (2).

　　[77] 耿黎輝. 中國不同收入群體的消費心理與行為研究 [J]. 商業研究, 2004 (22).

　　[78] 權利霞. 體驗消費與「享用」體驗 [J]. 當代經濟科學, 2004 (2).

　　[79] 潘玥舟. 淺析體驗式消費 [J]. 天津市財貿管理幹部學院學報, 2004 (3).

　　[80] 王成興. 略論消費文化語境中的認同危機問題 [J]. 學術論壇, 2004 (2).

　　[81] 羅婕. 創造衝動: 洞悉女性消費行為與心理 [J]. 消費在線, 2005 (3).

　　[82] 尹向東. 中國新消費時代的主要特徵和表現 [J]. 求索, 2005 (8).

　　[83] 廖以臣. 消費體驗及其管理的研究綜述 [J]. 經濟管理, 2005 (14).

　　[84] 張紅明. 消費體驗的五維繫統分類及應用 [J]. 企業活力營銷管理, 2005 (8).

　　[85] 汪秀成. 體驗經濟的成因與價值分析 [J]. 北京工商大學學報: 社會科學版, 2005 (3).

　　[86] 張彩華. 從消費行為的角度理解體驗經濟 [J]. 消費經濟, 2005 (3).

　　[87] 李付慶. 體驗消費的定位及設計 [J]. 企業研究, 2005 (1).

　　[88] 丁家永. 從體驗營銷看象徵性消費行為 [J]. 商業時代, 2005 (36).

　　[89] 舒伯陽. 體驗經濟的價值基準與企業競爭策略 [J]. 商業時代, 2005 (3).

［90］應細華．健康文明消費模式及其實現途徑［J］．學術研究，2006（11）．

［91］江鴻．大學生消費行為與消費心理解讀［J］．當代青年研究，2006（6）．

［92］盧靈．消費心理需求對消費行為及企業營銷活動的影響［J］．廣西社會科學，2006（9）．

［93］丁家永．新新人類的消費心理及廣告溝通的重點［J］．廣告主，2006（5）．

［94］康俊．心理學視角：80后一代的消費心理與行為特徵研究［J］．現代營銷，2006（4）．

［95］石可．單身女貴都市消費的新勢力［J］．觀察，2006（4）．

［96］裴國洪．都市女性消費心理與行為［J］．社會心理科學，2006（6）．

［97］楊松茂．生態消費：人類消費行為發展的新定位［J］．江蘇商論，2006（3）．

［98］晏國祥．消費體驗理論評述［J］．財貿研究，2006（6）．

［99］楊谷．建設先進網絡文化，加強網絡傳播規律研究［N］．光明日報，2007-06-07．

［100］鄭怡清，朱立新．上海市民休閒行為研究［J］．旅遊科學，2006（20）．

［101］徐瑞平．體驗消費對品牌營銷的影響及應對［J］．價格理論與實踐，2006（4）．

［102］王雲良．論體驗經濟時代旅遊消費特徵的六大轉變［J］．產業與科技論壇，2007（5）．

［103］竇坤芳．體驗消費是顧客滿意的最高境界［J］．消費導刊，2007（2）．

［104］楊春蓉．體驗經濟時代背景下古寺廟的旅遊開發［J］．經濟縱橫，2007（24）．

［105］楊子江．基於體驗經濟視角的休閒漁業及其發展模式探討［J］．上海水產大學學報，2007（5）．

［106］付業勤．體驗經濟背景下的攀枝花漂流體育旅遊發展研究［J］．成都理工大學學報：社會科學版，2007（5）．

［107］蘇北春．快樂哲學與休閒體驗：消費時代的旅遊審美文化［J］．東北師大學報（哲學社會科學版），2008（4）．

［108］黃平芳，胡明文．體驗經濟時代的文化旅遊及其開發取向：以稻作文化的旅遊開發為例［J］．農業經濟，2008（1）．

［109］蔡梅良．體驗經濟理念下提升會展產品消費價值的研究［J］．消費經濟，2008（5）．

［110］張永軍．休閒體育消費：一種都市體驗經濟［J］．天津體育學院學報，2008（4）．

［111］鄭立新．都市體驗經濟與休閒體育消費略論［J］．廣州體育學院學報，2008（6）．

［112］許豔．體驗經濟條件下的歷史性街區商業化設計［J］．合肥工業大學學報：社會科學版，2008（6）．

［113］李雪松．主題公園建設的體驗消費模型及實施設想［J］．城市問題，2008（7）．

［114］李明．體驗營銷的后現代主義理論思考［J］．生產力研究，2008（22）．

［115］鄭銳洪．體驗營銷的商業倫理視角思考［J］．管理科學文摘，2008（4）．

［116］周霓．基於體驗營銷理論的旅遊產品開發策略研究［J］．經濟論壇，2008（3）．

［117］姜奇平．更人性的經濟［N］．互聯網周刊，

2002－04－08.

[118] 姜奇平.「快樂」與「自我實現」的主流化——體驗經濟實踐發展與理論研究綜述［N］. 互聯網周刊, 2002－08－28.

[119] 竇清. 論旅遊體驗［D］. 南寧: 廣西大學碩士學位論文, 2003.

[120] 王龍. 基於體驗消費的企業營銷策略研究［D］. 南京: 河海大學碩士學位論文, 2003.

[121] 崔本順. 基於顧客價值的體驗營銷研究［D］. 天津: 天津財經大學碩士學位論文, 2004.

[122] 伍香平. 論體驗及其價值生成［D］. 武漢: 華中師範大學碩士學位論文, 2003.

[123] 謝彥君. 旅遊體驗研究——一種現象學視角的探討［D］. 大連: 東北財經大學博士學位論文, 2005.

[124] 王緒剛. 基於體驗消費的網絡營銷策略研究［D］. 南京: 河海大學碩士學位論文, 2005.

[125] 蘇嘉杰. 顧客體驗價值與酒店服務質量研究［D］. 上海: 華東師範大學碩士學位論文, 2005.

[126] 張宏. 秦兵馬俑遊客消費、體驗分析與旅遊拓展研究［D］. 西安: 西北大學碩士學位論文, 2005.

[127] 鄧文龍. 基於體驗消費的電子商務網絡營銷研究［D］. 廣州: 暨南大學碩士學位論文, 2006.

[128] 李幼瑤. 主題公園消費體驗、體驗價值和行為意向關係的研究［D］. 杭州: 浙江大學碩士學位論文, 2007.

[129] 梁強. 面向體驗經濟的休閒旅遊需求開發與營銷創新［D］. 天津: 天津財經大學博士學位論文, 2008.

[130] 楊曉東. 服務業顧客體驗對顧客忠誠的影響研究［D］. 吉林: 吉林大學博士學位論文, 2008.

［131］岑仲豪．體驗經濟時代下的餐飲消費研究［D］．廣州：暨南大學碩士學位論文，2008.

［132］周惠星．消費體驗對品牌忠誠影響研究［D］．上海：上海師範大學碩士學位論文，2008.

［133］張恩碧．試論體驗消費的內涵和對象［J］．消費經濟，2006（6）．

［134］張恩碧．體驗及體驗消費的本質屬性分析［J］．消費經濟，2007（6）．

［135］張恩碧．消費體驗效用的主要影響因素和不確定性分析［J］．消費經濟，2009（6）．

［136］張恩碧．宅基地置換對上海市郊農民消費生活的影響分析［J］．消費經濟，2008（4）．

［137］張恩碧．略論中國古代的等級消費思想及其產生的社會根源［J］．消費經濟，2005（4）．

［138］張恩碧．消費主義與可持續消費［J］．消費經濟，2005（2）．

［139］張恩碧．深入探析閒暇消費促進人的全面發展——兼評《閒暇消費論》［J］．財經科學，2008（10）．

［140］張恩碧．消費率偏低不良影響的理論分析［J］．經濟縱橫，2005（9）．

國家圖書館出版品預行編目(CIP)資料

體驗消費論綱 / 張恩碧 著. -- 第二版.
-- 臺北市：崧博出版：財經錢線文化發行, 2018.10

面； 公分

ISBN 978-957-735-598-0(平裝)

1.消費者行為

496.34　　　107017199

書　名：體驗消費論綱
作　者：張恩碧　著
發行人：黃振庭
出版者：崧博出版事業有限公司
發行者：財經錢線文化事業有限公司
E-mail：sonbookservice@gmail.com
粉絲頁　　　　　　網　址：
地　址：台北市中正區延平南路六十一號五樓一室
8F.-815, No.61, Sec. 1, Chongqing S. Rd., Zhongzheng Dist., Taipei City 100, Taiwan (R.O.C.)
電　話：(02)2370-3310　傳　真：(02) 2370-3210
總經銷：紅螞蟻圖書有限公司
地　址：台北市內湖區舊宗路二段 121 巷 19 號
電　話：02-2795-3656　傳真:02-2795-4100　網址：
印　刷：京峯彩色印刷有限公司（京峰數位）

　　本書版權為西南財經大學出版社所有授權崧博出版事業有限公司獨家發行電子書及繁體書繁體版。若有其他相關權利及授權需求請與本公司聯繫。

定價：450元

發行日期：2018 年 10 月第二版

◎ 本書以POD印製發行